超
図解

思わずだれかに話したくなる

身近にあふれる「微生物」が3時間でわかる本

Contents

● カバーデザイン・イラスト／末吉喜美　● 本文デザイン・DTP／斎藤 充（クロロス）
● 編集協力／藤吉 豊（クロロス）、岸並 徹、斎藤菜穂子

どこにいるか、探してみましょう！

本書に登場する 主な微生物

みんなの肌にすんでま〜す

私がニキビを発生させます

アクネ菌
- ヒトの毛穴にすむ常在菌で、ニキビの原因となる
- 善玉菌にも悪玉菌にもなる

表皮ブドウ球菌
- ヒトの皮フにすむ常在菌で、皮フ表面を弱酸性に保つ「美肌菌」
- 肌に潤いを与えるグリセリン関連物質を分泌するなど、肌を守る重要な役割を担っている

ミュータンス菌
- ヒトの口の中にすむ常在菌
- 糖を原料にして、歯の表面に歯垢（プラーク）をつくる「虫歯菌」

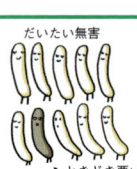

だいたい無害

ときどき悪い

大腸菌
- 腸内で最初に発見された細菌で、ほとんど無害
- 多くは腸内でビタミンを合成したり、有害な細菌の増殖を抑えるなどの働きがある

ビフィズス菌
- 腸から酢酸や乳酸をつくる放線菌のなかま
- 主にヒトや動物の腸管に生息し、酸素があると発育できない

乳酸菌
- 糖を分解して乳酸をつくる菌の総称で、数多くの種類がある
- ヒトや動物の腸管や女性の膣、発酵食品の中で生息する

ニホンコウジカビ
- 有毒な物質をつくらず、日本の発酵食品の多くを生み出す
- デンプンやタンパク質を糖やアミノ酸に分解しながら成長する

イースト菌
- パンに使われる代表的な酵母
- パン生地に含まれる糖分を栄養源に発酵する

酢酸菌
- エタノールを酸化・発酵させて酢酸をつくる好気性菌
- 食物繊維（セルロース）をつくるため、デザートから先端技術まで応用されている

納豆菌
- 土壌中にすむ枯草菌のなかま
- 稲の藁に多く生息し、納豆の旨味成分や粘りを生み出す

アオカビ
- 一般的に見られるカビの一種で、常に空中に飛散している
- ブルーチーズづくりに必須のほか、世界初の抗生物質発見に役立った

黄色ブドウ球菌
- 熱に強い
- 胃酸でも分解されない
- 抗生物質に耐性のある菌もいる

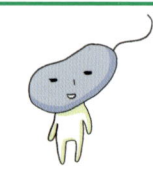

ボツリヌス菌
- 嫌気性で増殖に酸素を必要としない
- 強力な神経毒素を出す
- 8か月未満の乳児がハチミツを食すと乳児ボツリヌス症を発症する可能性がある

腸炎ビブリオ
- 熱に弱い
- 真水に弱い
- 増殖速度が早い

サルモネラ菌
- 卵やニワトリ、牛、豚、犬、猫などの腸管に広く生息する
- 熱に弱い
- 乾燥に強い

カンピロバクター
- 牛や豚、鳥、ペットの消化管に広く生息する
- 熱に弱い
- 5月〜7月に食中毒を引き起こす

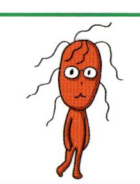

病原性大腸菌O157
- 潜伏期間が長い
- 少数の細菌摂取でも感染し、感染ルートを解明しにくい
- 熱に弱い

ノロウイルス
- カキなどの二枚貝の生食で感染することが多い
- 少数のウイルス摂取でも感染し、感染力が強い
- アルコール消毒が効かない

ロタウイルス
- 入院が必要な小児急性胃腸炎の半数を占める
- 少数のウイルス摂取でも感染し、感染力が強い
- アルコール消毒が効く

魚介類専門！ ジビエ専門！

A型・E型肝炎ウイルス
- 熱に弱い
- A型肝炎ウイルスは、感染者の糞便を介して感染することが多い
- E型肝炎ウイルスは、ジビエ料理の加熱不足で感染することが多い

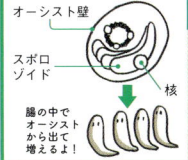

オーシスト壁
スポロゾイド
核
腸の中でオーシストから出て増えるよ！

クリプトスポリジウム
- 家畜やペットなどの宿主（胃腸）に寄生する
- 水道水を介して大規模な集団感染を引き起こすことがある
- 塩素消毒が効かない

ライノウイルス
- 風邪を引き起こす原因ウイルスの半数を占める
- 100以上の型がある

インフルエンザウイルス
- 変異しやすく、新しい種類が簡単に生まれる
- 湿度が高いところが苦手

結核菌
- 肺をはじめ、様々な臓器に感染する
- 感染しても発病するのは1割ほど
- 抗生物質「ストレプトマイシン」の発見で結核は治る病気になった

肺炎球菌
- 日本人の死因第3位である肺炎を引き起こす
- 遺伝子の本体がDNAであることを証明するのに役立った

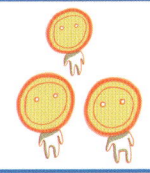

風しんウイルス
- 感染しても症状は軽いことが多い
- 妊娠中に感染すると、胎児が障害を持って生まれることがある

ペスト菌
- 菌を保有するネズミノミが媒介する
- 肺ペストになったら、治療しないと2日以内に死んでしまう

マラリア原虫
- 蚊が媒介しマラリアを引き起こす
- 世界で1億人以上が感染し、年間100万人以上が亡くなっている
- 予防と早期診断・治療が大事

レジオネラ菌
- 土壌や河川などに広く存在する環境常在菌
- 空調用冷却塔や貯水槽、浴槽などを介して、レジオネラ症を発症することがある

ヒト免疫不全ウイルス
- エイズの原因となるウイルス
- HIV感染症は、結核、マラリアとともに世界三大感染症の1つだが、抗HIV薬を飲めばエイズで亡くなることを防げる

B型肝炎ウイルス
- 血液や体液を介して感染する血清肝炎ウイルス
- 肝炎や肝がんの原因になる
- ほとんどは乳幼児期の感染が原因で、母子感染を防ぐことが重要

ピロリ菌
- ヒトなどの胃に生息する
- 世界人口の半分程度が感染者であると考えられている
- 日本でも40歳以上の感染率は70％以上と高い

水痘帯状疱疹ウイルス
- 水痘（水ぼうそう）や帯状疱疹の原因となるウイルス
- ワクチン接種が有効

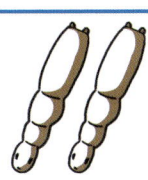

エキノコックス
- イヌ科の動物を終宿主とする寄生虫
- キツネやイヌなどの糞便内の虫卵を摂取することで感染する

狂犬病ウイルス
- ウイルスを持つ哺乳類にかまれるなどして感染する人獣共通感染症を起こす
- 発症するとほぼ100％死亡する
- 日本は狂犬病がみられない、数少ない「清浄国」

読者のみなさんへ

小さな小さな微生物。その不思議な世界をご覧あれ！

本書は、次のような人たちに向けて書きました。

- 身のまわりにあふれる微生物について知りたい！
- 図鑑的な解説ではなく、私たちとその微生物の関係の中で役立つ知識、おもしろ知識を知りたい！

細菌や菌類（カビやキノコ）、ウイルスなどのとても小さなミクロの生命たち。肉眼で見えるものもありますが、多くは顕微鏡やさらに高倍率な電子顕微鏡でしかその姿を見ることはできません。

微生物と聞くと「ばい菌、カビ、ウイルス」を思い浮かべ、食中毒や感染症を引き起こすことから「怖い！」「不気味！」と思う人がいるかもしれません。たしかに食中毒や感染症は人間と微生物の不幸な関係ですが、人間と微生物の関係はそれがすべてではありません。

自然界では有機物を分解して地球環境を美しく保ってくれています。微生物なくして自然の生態系は成り立ちません。

微生物が活躍しておいしい食べ物や飲み物がつくられたり、病気を引き起こす細菌をやっつける抗生物質がつくられたりしています。

人類は未だ微生物の世界の全貌をとらえて

はいません。よく微生物を調べるために綿棒をこすりつけて採取したものをシャーレの中の寒天培地で培養して、出現したコロニーから「ここにこんな微生物がいる！」という映像を見ることがあります。しかし、その方法で見られるのは採取したほんの一部です。土の中の微生物でさえ採取した100個のうち１つが生えるかどうかといいます。

現在、微生物のDNAを抽出してそれを大幅に増やして次世代シーケンサーという機器で解析する方法が登場して、たとえば、私たちの体にすみついている微生物の種類や数が桁違いに多かったことがわかってきました。私たちの体をつくる細胞約37兆個よりも、私たちの体にいる微生物の数のほうがはるかに多いと考えられています。

本書は微生物について「あれもこれも」ではなく「これだけは」という内容に絞って展開しました。本書がみなさんと微生物の出会いのきっかけになったら嬉しいです。

最後になりますが、微生物素人の目線から本書の編集作業に力を入れてくれた明日香出版社編集の田中裕也さんに御礼を申し上げます。

執筆者代表　左巻健男

Lesson 1

「微生物」ってどんな生物なの？

微生物には どんなものがいるの？

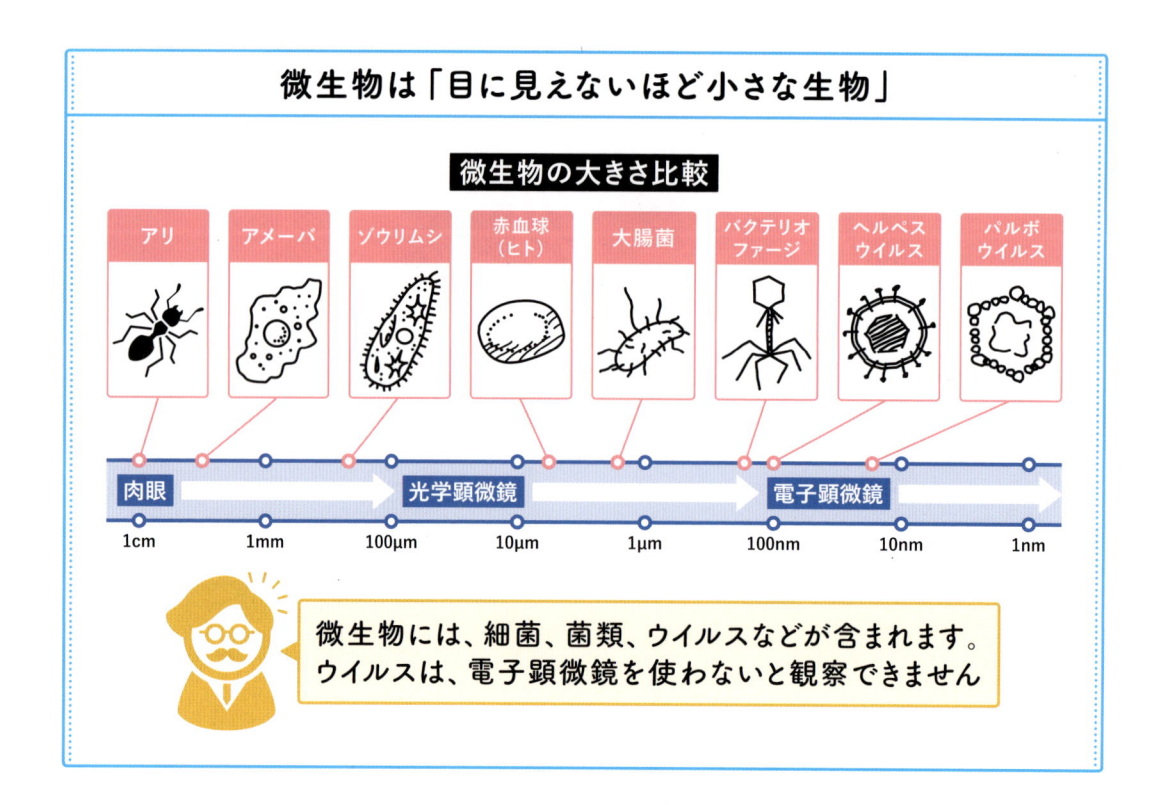

微生物は「目に見えないほど小さな生物」

微生物の大きさ比較

| アリ | アメーバ | ゾウリムシ | 赤血球（ヒト） | 大腸菌 | バクテリオファージ | ヘルペスウイルス | パルボウイルス |

肉眼　　　　　　　　　光学顕微鏡　　　　　　　　　電子顕微鏡

1cm　　1mm　　100μm　　10μm　　1μm　　100nm　　10nm　　1nm

微生物には、細菌、菌類、ウイルスなどが含まれます。ウイルスは、電子顕微鏡を使わないと観察できません

肉眼では見ることができない 小さな生物が「微生物」

　微生物とは、「目に見えないほど小さい生物」のことをまとめた言い方です。微生物には、細菌、菌類（カビ、酵母、キノコ）、ウイルスなどが含まれます。

　普通の顕微鏡（光学顕微鏡）の拡大倍率は1000倍が限界で、これ以上大きくしても画像がぼやけてしまいます。倍率1000倍で細菌を観察しても、せいぜい数ミリメートル程度の大きさにしか見えません。細菌の大きさは1〜5マイクロメートル（μm）だからです[1]。

　風邪の原因やその他の病気の原因であるウイルスは、細菌よりもさらに小さく、電子顕微鏡を使わないと観察することができません。ウイルスの大きさは、細菌のさらに10分の1から100分の1の大きさで、20〜1000ナノメートル（nm）です。

　中学理科の教科書には次のような内容が載っています（一部紹介）。

「微生物は、生物の死がいなどの有機物（生物のからだをつくる炭水化物やタンパク質、脂肪などのような炭素を含む物質）を、養分として取り入れて分解する生物である」

「菌類や細菌類などの微生物のなかには、人間にとって有用なはたらきをするものも多い。たとえば、菌類や細菌が有機物を分解するはたらきを利用して、パンやヨーグルトなどの食品がつくられている」

※1：「1マイクロメートル（μm）」は1ミリメートル（mm）の1000分の1です。「1ナノメートル（nm）」は同100万分の1です。たとえばブドウ球菌やレンサ球菌などは、直径が11マイクロメートルです。

細菌は菌類より小さく、細胞の中心に明確な核がない

細菌の形は単純です。球形の菌（球菌）か、こん棒のような形の菌（桿菌）が大部分で、くねくね曲がっている菌（らせん菌）もいます。細菌は真ん中で2つにちぎれて、まったく同じものが2つできる「分裂」によって増えていきます。細胞は菌類より小さく、細胞の中心に明確な核がありません。

菌類は、カビを例にすると次のような増え方をします。

①胞子が生育条件に適した場所で発芽
②先端が伸びて菌糸をつくる
③菌糸が網目状に枝分かれする
④枝分かれした菌糸（菌体）の先端に胞子をつくる
⑤胞子が飛散する

カビが胞子をたくわえる器官が子実体で、菌体と子実体を合わせてカビのコロニーと呼んでいます。カビの細胞は核やミトコンドリアもあって細菌の細胞より複雑であり、動植物の細胞と基本的に同じです。

なお、カビとキノコの違いは、胞子ができる子実体が「肉眼でよく見えるもの」をキノコ、「肉眼ではよく見えないほど小さい」のがカビです。

Lesson-1 「微生物」ってどんな生物なの？
Lesson-2
Lesson-3
Lesson-4
Lesson-5
Lesson-6

微生物 Column

ウイルスは生物なのか、生物ではないのか？

ウイルスは独立して生きることができません。タンパク質をつくる自前の工場を持たず、生きている細胞に感染して、その宿主細胞の工場を利用して生きています。

ウイルスは、細胞という構造を持たないので生物とはいえないともいえるし、遺伝子を持っていて、子孫を残せるので生物とも考えられる、不思議な存在なのです。

細菌は分裂によって増える

細菌の種類

球菌

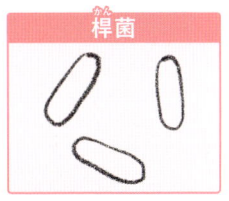
桿菌

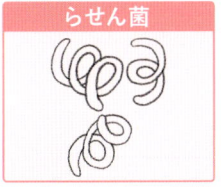
らせん菌

- 細菌の形は単純
- 球形の「球菌」、こん棒のような「桿菌」が大部分
- くねくね曲がっている「らせん菌」もいる

細菌は分裂で増える

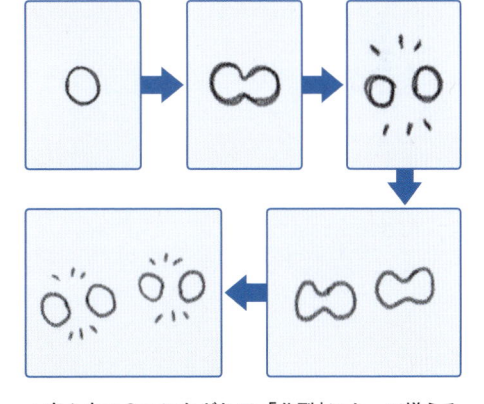

- 真ん中で2つにちぎれて、「分裂」によって増える
- 細胞は菌類より小さい
- 細胞の中心に明確な核がない

ウイルスは「生物」？ それとも「無生物」？

細胞という構造はないが、遺伝子は持っている

インフルエンザや風邪など、ウイルスが原因になっている病気はたくさんあります。

病気の原因には細菌（バクテリア）もありますが、細菌は生物です。細菌など明確に生物といえるものには細胞の構造がありますが、ウイルスにはそのような構造が見られません。

ウイルスは、タンパク質の殻とその内部の遺伝物質である核酸（DNAまたはRNA）からできています。細胞の構造を持たないこと、単独では増殖できないことから、非生物として位置づけられています。

しかし、遺伝物質を持ち、細胞に感染してその代謝系を利用すればなかまを増やすことができるので、ウイルスを微生物扱いする研究者もいます。本書ではウイルスを微生物に含めています。

ウイルスは、基本的に、粒子の中心にあるウイルス核酸と、それを取り囲むカプシドと呼ばれるタンパク質の殻でできています。ウイルスによっては、エンベロープと呼ばれる膜成分を持つものもあります。

多くのウイルスはカプシドやエンベロープにより規定される特異的な形をしています。

もっともありふれた多面体型カプシドの1つは正20面体です。ちなみに、その角を面取りするとサッカーボール（切頂20面体）になります。

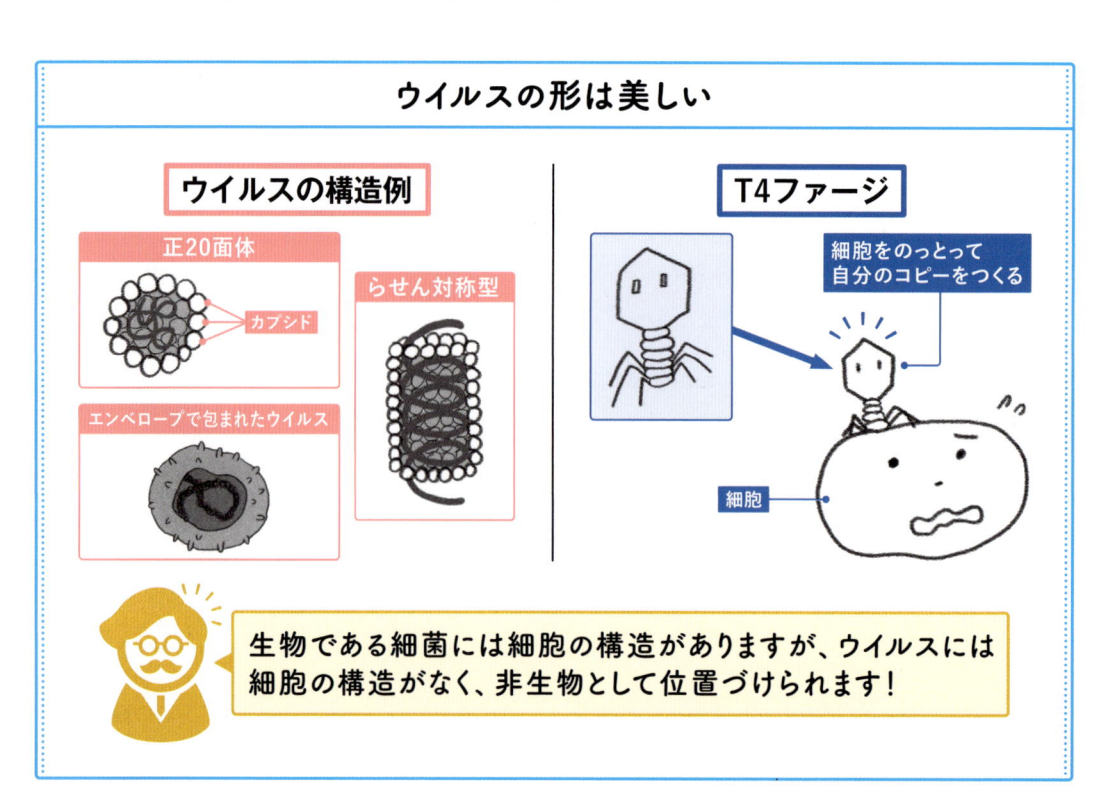

ウイルスの形は美しい

ウイルスの構造例

正20面体 — カプシド

らせん対称型

エンベロープで包まれたウイルス

T4ファージ

細胞をのっとって自分のコピーをつくる

細胞

生物である細菌には細胞の構造がありますが、ウイルスには細胞の構造がなく、非生物として位置づけられます！

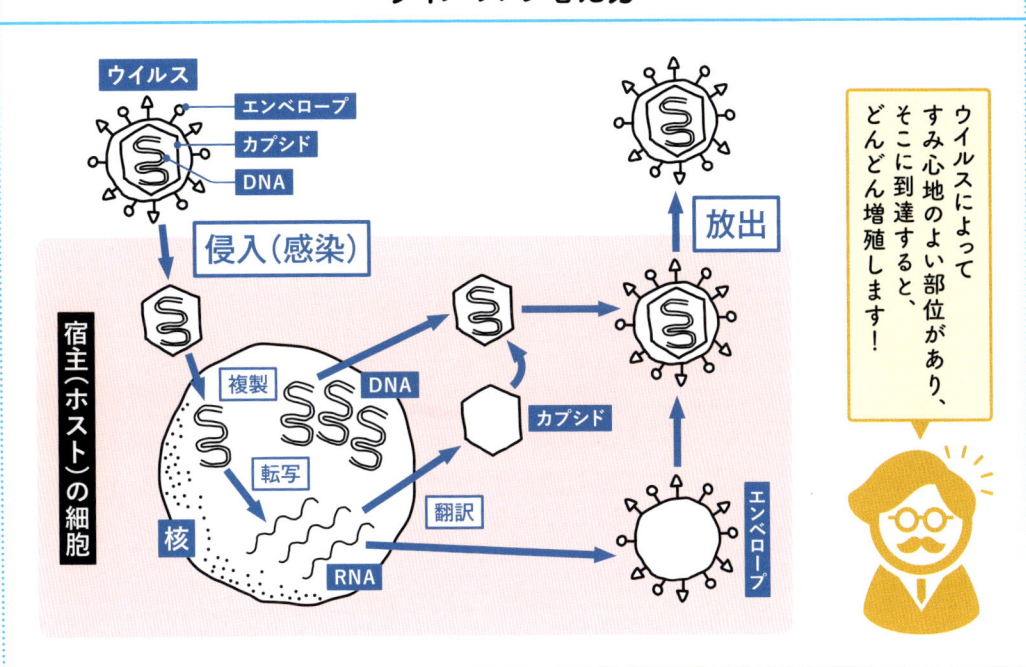

ウイルスの増え方

（図中ラベル）
ウイルス
エンベロープ
カプシド
DNA
侵入（感染）
放出
宿主（ホスト）の細胞
複製
転写
DNA
RNA
核
カプシド
エンベロープ

ウイルスによって、すみ心地のよい部位があり、そこに到達すると、どんどん増殖します！

また、T4ファージと名前がついているウイルスはもっと見事な形をしています。20面体の胴に足のようなものが6本ついています。このウイルスは足の部分で細胞に着地したあと、足を縮めて細胞に管を差し込み、頭の中の核酸を注入します。

ウイルスは増殖するためにほかの生物に侵入する

ウイルスは私たちの身のまわりにウヨウヨいても、必ずしも感染が起こるわけではありません。

感染はウイルスが細胞に吸着、侵入してはじめて起こります。

細胞を持たないウイルスは、単体では複製をつくれないため、増殖するためにはほかの生物の細胞に入り込む必要があります。これがウイルスの感染です。

侵入ですからどこかに入り口があります。

人体の表面である皮フ、呼吸器、感覚器、生殖器、肛門や尿道が入り口になります。

侵入したウイルスはすぐに増殖を始め、自分と同じウイルスがつくられて細胞から飛び出し、増殖します。

使われた細胞は死にます[1]。多くの細胞が死ねば、ダメージが発生し病気になります。

微生物 Column

細胞につくウイルス
バクテリオファージ

ウイルスのなかには細菌に感染するものがいます。これらをまとめてバクテリオファージ（通称ファージ）と呼んでいます。

ファージは宿主を厳しく選択するため、目的の病原菌だけを殺すことができます。ファージによって病原菌をやっつける抗細菌の薬品の開発や、炭疽菌などの細菌兵器を無毒化するための研究が行われています。

※1 ：ただし、ウイルスに感染した細胞がすべて死ぬわけではありません。たとえば、感染した細胞をがん化させるウイルスの場合は、宿主の細胞は死にません。

Lesson_1 「微生物」ってどんな生物なの？
Lesson_2
Lesson_3
Lesson_4
Lesson_5
Lesson_6

カビ・酵母・キノコの違いって何？

生物の増え方には、有性生殖と無性生殖がある

 有性生殖

受精が行われる

- 動物や植物なら受精が行われる
- 子孫に多様性がある
- 様々な環境に適応できる

無性生殖

カビの一生

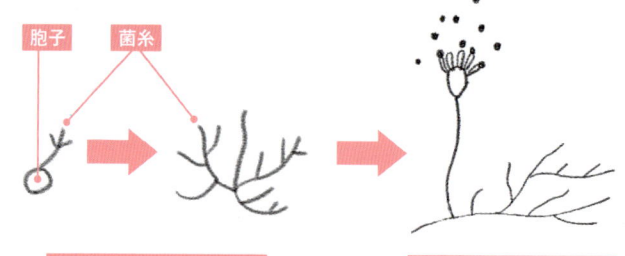

胞子　菌糸

胞子から菌糸が伸びる

菌糸の先端に胞子をつくり飛散する

- 繁殖相手を探さずに、短期間でどんどん増える
- 遺伝的にまったく同じ集団
- そのため、何かがあると一気に個体数が減少する

カビ・酵母・キノコは、大きさと増え方に違いがある

　カビ・酵母・キノコの増え方の基本は、無性生殖です。カビ・酵母・キノコには性の区別があり、生育環境によっては有性生殖を行うことができます。一般的に、環境が生育に適しているときには無性生殖を行い、適していないときには有性生殖を行います。

　私たちが目にする胞子の多くは、無性胞子です。有性胞子は雄株と雌株の交配によって生じます。

　カビ・キノコは、一般に胞子で増えます。

　カビとキノコは見かけ上はまったく違う種類のように見えますが、胞子をつくる場所として、肉眼でも見える子実体（キノコ）をつくるかつくらないかの違いがあるだけです。どちらも菌糸という細い糸で体ができていて、同じなかまなのです。

　また、キノコの中には非常に小さいものもあり、どこまでをカビと呼んでいいのか迷うことがあります。その境目は曖昧です。

　一方で、酵母の細胞は糸のようにつながっていません。酵母は出芽か分裂で増えます。酵母が増えると、ばらばらの細胞が集まって、球形の粘性のあるかたまりになりますが、なかには、生育条件が変わるとカビのように糸状に生えるものもあります。それでも酵母は発酵などの実用面で重要なものが多いので、カビとは区別されています[1]。

※1：たとえば、ビール、日本酒、ワイン、味噌、醤油、パンなどの発酵食品は、酵母のはたらきにより製造されています。

微生物を発見したのは一般市民だった?

Lesson-1 「微生物」ってどんな生物なの?

Lesson-2

Lesson-3

Lesson-4

Lesson-5

Lesson-6

微生物を発見したのは20代の織物商

17世紀、20代のレーウェンフックは、織物商を営んでいました。レンズを利用して繊維の品質管理をしていた彼は、ガラスの球を使った顕微鏡をつくりました。そのレンズの精度は優れており、倍率は250倍に達しました。

湖の水を観察した彼は、その中に動くものを発見しました。おそらく何かのプランクトンだったはずです。これは大きな発見です。

彼は、血液内の血球、精子、だ液の中に含まれる口内細菌も発見したのです。

学問として微生物が注目されるようになったのは、19世紀後半にまでずれ込みます。

功績が大きい人の1人目は、フランスのパスツールです。当時信じられていた、生物は親などがいなくても、無生物から自然に発生するという「自然発生説」を否定しました。

有名な「白鳥首のフラスコ」の実験です。フラスコ内に有機物が入った水溶液をつくり、先の部分を白鳥の首のように長く引き伸ばし曲げます。すると微生物は発生しないのですが、その首を折ると途端に微生物が発生して腐るのです。

もう1人はドイツのコッホです。コッホは炭疽菌、結核菌、コレラ菌の発見者です。シャーレや寒天培地（微生物を増やすためのもの）を発明し、細菌を人工的に生育・増殖させること（培養）の基礎を確立しました。

微生物学の発展に貢献した3人

レーウェンフック

顕微鏡で血球・精子・口内細菌などを発見

パスツール

有名な「白鳥首のフラスコ」の実験を行った

コッホ

炭疽菌・結核菌・コレラ菌を発見した

パスツールやコッホの活躍の土壌をつくったのは、微生物を発見したレーウェンフックといえます！

生物の祖先「真核生物」「原核生物」って何？

原核生物は地球上のあらゆる生物の祖先

地球上に生物が現れてから約30億年もの間、その生物は単細胞生物でした。生命が誕生した初期の細胞のつくりは、私たちの細胞とは違っています。

遺伝物質であるDNAをしまっておく核がなく、DNAが細胞内にむき出しになった細胞（原核細胞）だったのです。原核細胞でできた生物を原核生物といいます。

一方で私たち人間の細胞は、核が核膜という膜に包まれて存在しているので、真核細胞といいます。

原核細胞の生物は昔の単純なつくりを持っ

たまま、今も生きています。たとえば、本書にたびたび出てくる乳酸菌は原核生物です。ほかにも、肺炎の原因になる肺炎球菌や肺炎桿菌、シアノバクテリア（ラン藻）なども同様です。

今から約21億年前、原核生物の細胞内で細胞膜がDNAをとり囲み、核膜に包まれた核ができて、真核細胞が誕生したと考えられています。

原始の好気性細菌がとり込まれてミトコンドリアに、原始のシアノバクテリアがとり込まれて葉緑体になったと考えられます。

このように私たちの祖先をたどっていくと、約21億年前の真核生物へ、さらにその前の原核生物へ行きつくのです。

「原核生物」と「真核生物」の構造

原核生物の構造

細胞膜　細胞壁　べん毛
染色体　リボソーム

真核生物の構造

細胞膜　細胞壁　細胞質
液胞　核

原核生物の細胞内に細胞膜がはまり込み、核膜に包まれた核ができて、真核細胞が誕生したと考えられています！

人間は微生物と共生している?

私たちのまわりには、たくさんの微生物がいる

水田

水田土壌
1グラムに
およそ数十億個
の微生物

河川

河川水
1ミリリットルに
およそ数百万個
の微生物

沿岸

沿岸海水
1ミリリットルに
およそ数十万個
の微生物

リビング

リビングの
ほこり1グラムに
およそ260万個
の細菌

計算すると、微生物は、耳かき1杯の泥には1000万個、
1滴の海水の中にはおよそ1万個も生きていることになります!

微生物は、地球上のあらゆる場所に生息している

細菌は、ヒトや動物の体、土壌、水中、ちり、ほこりなどの身近な場所から、大気圏、水深1万メートル(10キロメートル)以上の海底、南極の氷床、熱水鉱床、海底下2000メートル以上の地中にまで、広く存在しています。

細菌は、現在知られているもので約7000種あり、未発見の種を含めると100万種以上存在するといわれています[1]。

現在知られているカビ・酵母・キノコは9万1000種にのぼりますが、その10〜20倍もの未知の種が存在するといわれています。

これらの大部分は、土壌中や水中、枯れた植物、動物の死がいなどの自然界に広く分布しています。

ウイルスは生物の細胞に寄生して(たかって)生きています。

ウイルスは、動物、植物、細菌、菌類と細胞からできているものなら何にでもたかります。私たち人間にもたかって、インフルエンザ、風邪などを引き起こします。

現在確認されているウイルスは亜種も含めて5000万種以上といわれています。そのうち、数百種が人に病気をもたらします。

研究者によれば、「自宅の微生物について心配する必要はありません。彼らは、皮フの上や家のまわりにいますが、これらのほとんどは完全に無害」ということです。

※1：細菌は、酸素がなければ増えることができない好気性菌（酸素呼吸を行う細菌）、酸素があると増えることができない嫌気性菌の2つに大きく分けることができます。

生命はどうやって誕生したの?

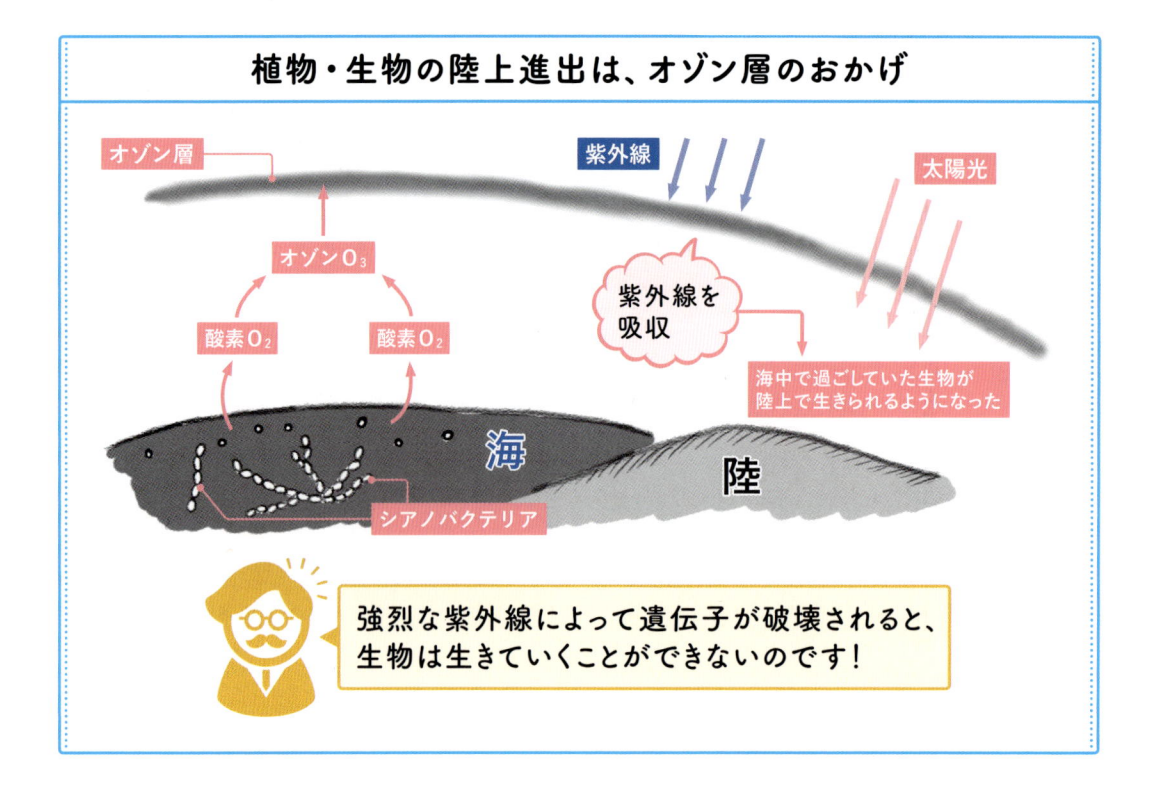

植物・生物の陸上進出は、オゾン層のおかげ

オゾン層

紫外線

太陽光

オゾン O_3

酸素 O_2　　酸素 O_2

紫外線を吸収

海中で過ごしていた生物が陸上で生きられるようになった

海

陸

シアノバクテリア

強烈な紫外線によって遺伝子が破壊されると、生物は生きていくことができないのです!

光合成をする微生物の登場で地球の環境が一変した

　グリーンランドで、38億年前に形成された岩石に、生物の痕跡を示す化学的な証拠が見つかっています。また、生物の姿が残された約35億年前の化石が西オーストラリアで発見されています。

　こうしたことから、地球上に生物が登場したのは、それらの前の約40億年前と考えられています。その生物は単細胞生物で、しくみは単純なものだったでしょう。

　およそ27億年前に、光合成を行うシアノバクテリアという微生物が登場します。

　シアノバクテリアは、光を使って二酸化炭素と水から有機物をつくり出す生物（光合成生物）で、光合成でつくられた酸素を放出します。何億年もの間、酸素の泡を放出し続け、酸素はやがて大気の主成分になりました。

　多細胞生物が登場したのは約10億年前、植物が陸上へ進出したのは、およそ4億5千万年前です。これほど長い間、生物たちが陸上へ進出することができなかった理由の1つは、太陽光に含まれる強烈な紫外線です。

　水中で光合成をしたシアノバクテリアがつくりだした酸素の一部は、大気上空でオゾンに変えられました。太陽から放射される多量の紫外線を、十分吸収できるだけの厚さにオゾン層が広がるまで、陸上は生物にとって恐ろしい死の世界だったというわけです。

人間と一緒にくらす

「常在菌」

私たちの体にいる「常在菌」って何?

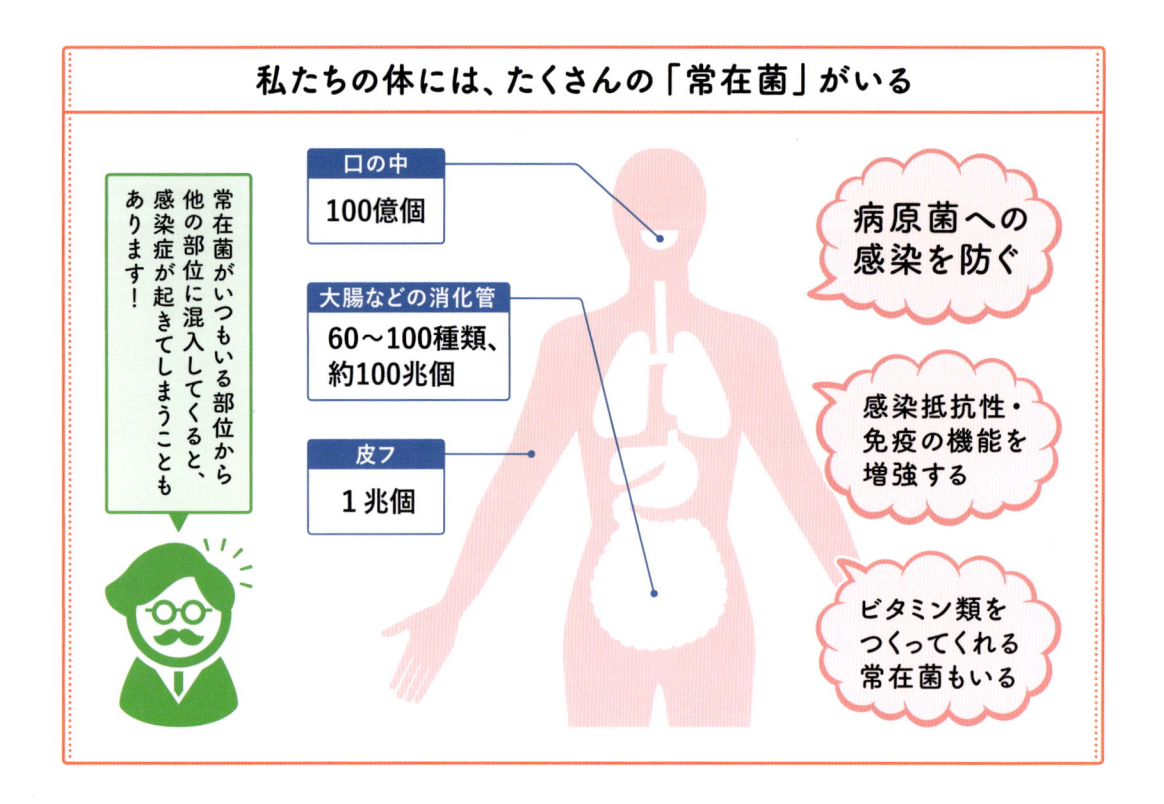

私たちの体には、たくさんの「常在菌」がいる

口の中
100億個

大腸などの消化管
60〜100種類、約100兆個

皮フ
1兆個

病原菌への感染を防ぐ

感染抵抗性・免疫の機能を増強する

ビタミン類をつくってくれる常在菌もいる

常在菌がいつもいる部位から他の部位に混入してくると、感染症が起きてしまうこともあります!

病原細菌から守ってくれる常在菌は、私たちの味方

　人間が細菌とはじめて出会うのは、出産のときです。お母さんの産道を通るときに、そこにいた細菌に接触して感染[1]します。私たちは育っていく過程で次々と外界の菌を受けとり、たくさんの種類や数の常在菌とともに生きるようになります。

　人体に存在する細菌やカビのことを常在菌といいます。菌の種類や数は体の部位によって大きく違っていますが、それぞれの部位にはほぼ決まった種類のものが分布しています。どんな菌がどのくらいの数いるかは人によって違います。また同じ人でも年齢によって、ま

たその時々によって変わってきます。

　常在菌は通常はホスト（宿主）に害を与えず、ホストと共生（異種の生物が相手の足りない点を補い合いながら生活する関係）の状態にあります。

　常在菌はホストの摂取する食物や、ホストが排せつする分泌物などを栄養分として発育します。また、外から体内に入ってくる菌、とくに病原細菌に対して、これらの感染を防ぐ役割も果たしています。

　さらに常在細菌は、ホストの感染抵抗性・免疫の機能を増強するはたらきもあるといわれています。

　このように、基本的には常在菌は私たちの味方になってくれる存在なのです。

※1：母親の常在菌の一部が、赤ちゃんの口や鼻、肛門につきます。産道から顔を出すと、すぐ横には母親のお尻があり、母親のうんちがあるので、そのとき腸内細菌を口から吸ったりもします。分娩室の空気中にも、医師、助産師、看護師、立会人などがしたおならと一緒に彼らの腸内細菌も舞っていて、それらも吸い込みます。

1歳未満の乳児はなぜ ハチミツを食べてはいけない？

乳児の胃酸や腸内細菌では ボツリヌス菌を退治できない

　市販のハチミツには、「生後1歳未満の乳児には与えない」という注意書きがあります。そのきっかけは、1976年にアメリカで起こった乳児ボツリヌス症という食中毒です。

　赤ちゃんの泣き声が弱まって、乳を飲む力も低下し、便秘が続き、さらに筋力が低下したりする症状も現れました。調べたところ、うんちからボツリヌス菌やその毒素が見つかりました。原因はハチミツでした。

　ボツリヌス菌は土壌細菌で、芽胞の状態で自然界に広く分布しています。ハチが蜜を集めるときにボツリヌス菌の芽胞もとり込み、そ

れがハチミツに含まれてしまうのです。

　芽胞は、細菌のまわりの環境が悪化したときに、きわめて耐久性の高い（丈夫な）細胞構造になって休眠状態になったものです※1。

　ボツリヌス菌の芽胞を含んだハチミツを摂取すると、口、食道、胃の中などで芽胞の休眠状態が解け、増殖しようとします。しかし、胃の中には胃酸（うすい塩酸）があるため、殺菌されます。小腸から大腸に行けたとしても、腸内細菌によってやられるのです。

　ところが、乳児の場合は胃酸の殺菌が弱く、腸内細菌の発達も弱いので、ボツリヌス菌は大腸で増殖して毒素を生み出します。生後8か月をすぎれば、腸内は成人と同じような細菌分布になるので、ハチミツを食べられます。

胃酸や腸内細菌が中毒を防ぐ

 **大人の場合**

胃酸　　腸内細菌

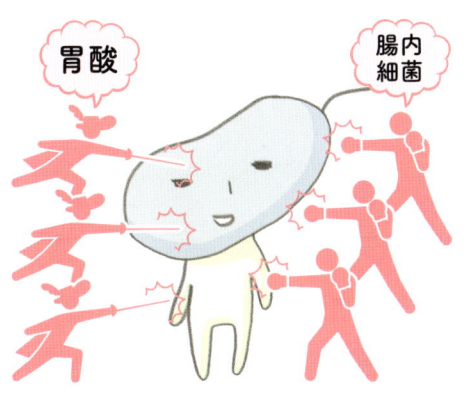

胃酸や腸内細菌によって ボツリヌス菌はやられてしまう

 **赤ちゃんの場合**

胃酸による殺菌や腸内細菌の発達が弱いため…

ボツリヌス菌が大腸で増殖して 毒素を生み出してしまう

※1：この菌に汚染された食品が加熱不十分のため芽胞が残り、真空パックや缶詰など嫌気状態で
発芽・増殖して食品中に多量の毒素を排出して中毒が起こることがあります。

体臭はどうやって発生するの?

汗が臭くなるのは常在菌や細菌のせい

私たちの体には、唇と生殖器官の一部を除いて、汗腺という汗を出す小さな器官がたくさん分布しています。

スポーツをしたときやサウナに入ったときにかく汗は、汗腺の中のエクリン腺から出るもので、99%が水です。塩分やタンパク質、乳酸が含まれていますが、いずれもごくわずかで、もともと汗は臭くないのです。この汗によって、私たちは体温調整をしています。

汗をかいて時間がたつと、わずかに含まれたタンパク質や乳酸が皮フ常在菌によって分解され、甘酸っぱいにおいになります。

衣服についた汗は、皮フ常在菌だけでなく、さらにいろいろな菌も増殖し、やがて臭くなっていくのです。

汗腺には、もう1つの種類があります。それが、アポクリン腺です。アポクリン腺は、思春期に、わきの下や股間、胸や外耳道(耳の穴の入り口から鼓膜までの管)などでよく発達します。アポクリン腺から出る汗は少量で、脂肪やタンパク質を含んだ乳白色の少しねとねとした液体です。出たばかりの汗はあまりにおいません。

しかし、この汗は脂肪分を含んでいるうえ、濃い汗なので、細菌にどんどん分解されて独特の「臭い汗」になるのです。

このようにわきの下のアポクリン腺から汗

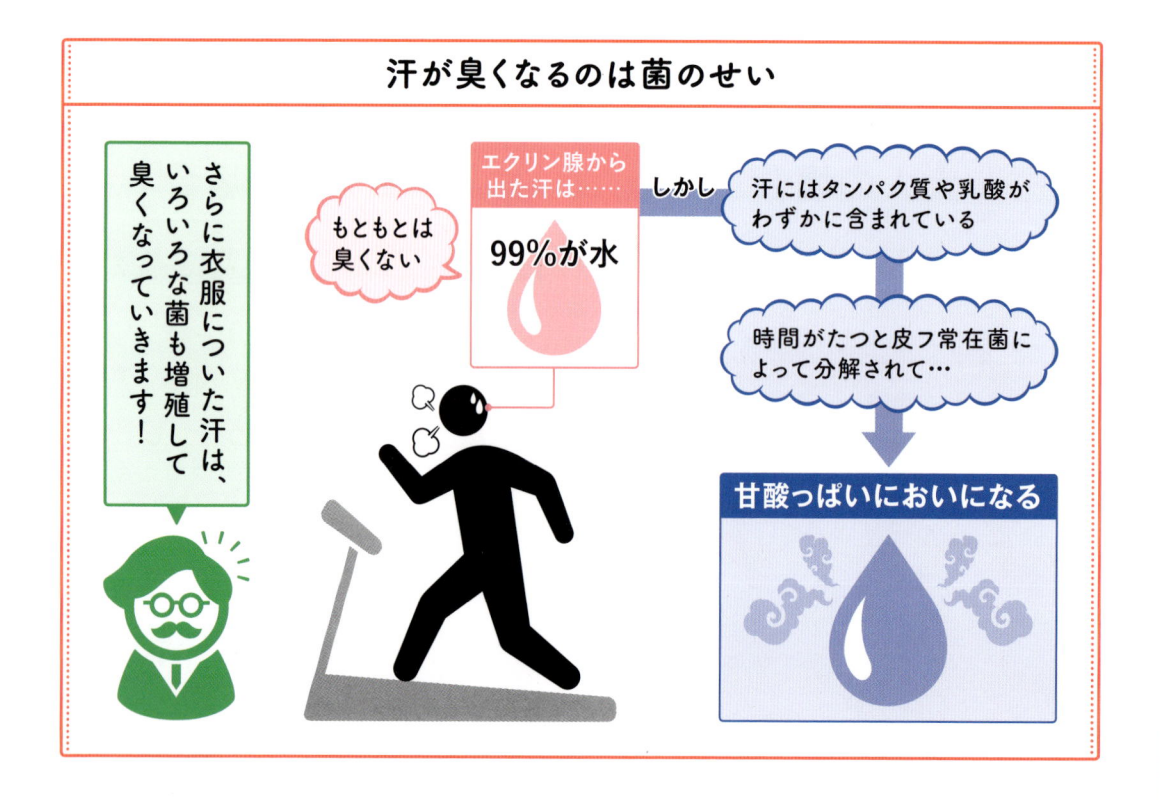

汗が臭くなるのは菌のせい

さらに衣服についた汗は、いろいろな菌も増殖して臭くなっていきます!

もともとは臭くない

エクリン腺から出た汗は……
99%が水

しかし

汗にはタンパク質や乳酸がわずかに含まれている

時間がたつと皮フ常在菌によって分解されて…

甘酸っぱいにおいになる

エクリン腺とアポクリン腺

- 無臭の汗を出す
- ほぼ全身に分布
- 体温調節をする

- 脂肪やタンパク質を含んだ汗を出す
- 思春期に発達する
- もともとは異性を惹きつける役割も

	エクリン腺	アポクリン腺
部位	ほぼ全身の表皮	わきの下、乳首、外耳道、股間
におい	なし	ほとんどなし
色	無色	乳白色

アポクリン腺は、人間以外の哺乳類にはたくさんありますが、人間には大切な部位だけに残っています！

Lesson-1
Lesson-2 人間と一緒にくらす「常在菌」
Lesson-3
Lesson-4
Lesson-5
Lesson-6

がたくさん出て、強いにおいになることを腋臭症（えき）、俗にわきがといいます。

もともと異性を惹きつけたり、縄張りの主張に役立っていたようで、世界では腋臭症である人のほうが圧倒的多数派です。**例外が日本人、中国人、朝鮮人などの東アジア人で、腋臭症が5〜20％と少数派**です。

足が臭くなるのは
常在菌のエサが豊富だから

足には汗腺が密集していて、**1日に200ミリリットルもの汗**をかきます。しかし、足にある汗腺はエクリン腺なので、その汗は本来臭くありません。

しかし、足は靴や靴下に包まれていて、とくに足指の間の温かく湿り気がある環境は、細菌たちの理想のすみかです。

また、足は全身の体重を支えるため、足の裏の角質層が体のなかでもっとも厚くなって

います。その角質はやがて死んだ細胞になり、アカとなってはがれ落ちます。角質層が分厚い足の裏は、アカの量も多いのです。

足にいる皮フ常在菌は、汗の成分だけではなく、死んだ皮フ細胞、つまりアカをせっせと食べて増殖します。そのときの分解生成物が臭いにおいを発するのです。

 微生物 Column

加齢臭の原因物質は
40歳すぎから増加する

におい物質は皮脂の脂肪酸が酸化されたり、皮フ常在菌によって分解されたりしてできるノネナールです。男女問わず、40歳をすぎたころから増えてきます。

加齢臭が多く発生する場所は、皮脂の分泌量が多い頭部、首の後ろや耳のまわり、胸もと、わきの下、背中などです。清潔を保つことが一番の対策です。

Lesson_2
11

ニキビは
なぜできるの？

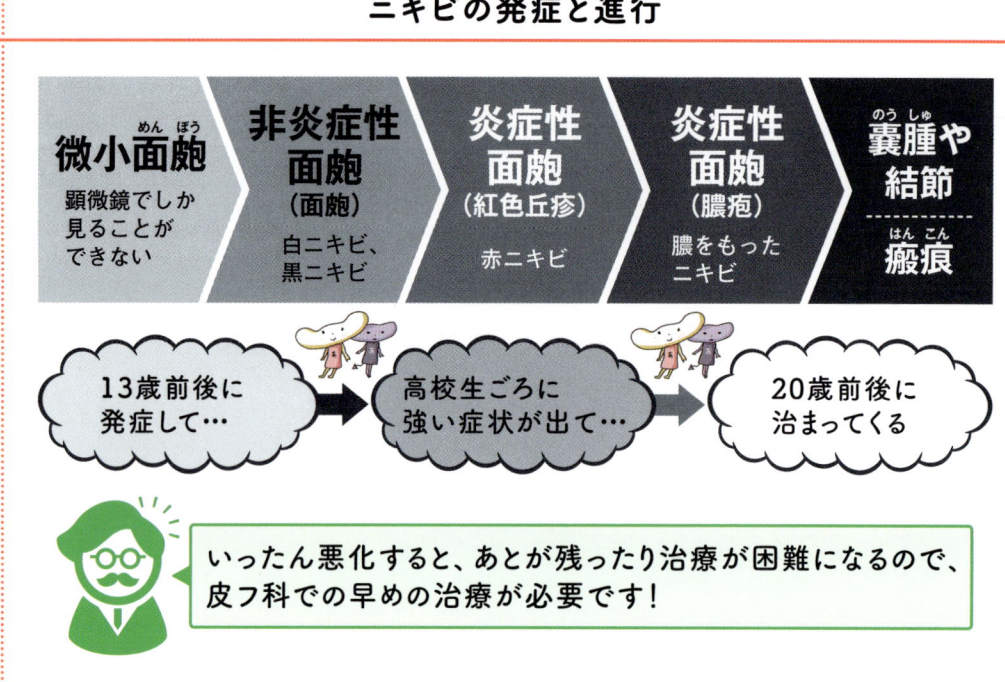

ニキビの発症と進行

微小面皰	非炎症性面皰（面皰）	炎症性面皰（紅色丘疹）	炎症性面皰（膿疱）	囊腫や結節 瘢痕
顕微鏡でしか見ることができない	白ニキビ、黒ニキビ	赤ニキビ	膿をもったニキビ	

13歳前後に発症して… → 高校生ごろに強い症状が出て… → 20歳前後に治まってくる

いったん悪化すると、あとが残ったり治療が困難になるので、皮フ科での早めの治療が必要です！

毛穴にすむアクネ菌が増殖し、炎症を起こす

ニキビの原因は、アクネ菌という毛穴にすむ常在菌です。

ニキビは、思春期に男性ホルモンの作用で皮脂の分泌が盛んになることと、角化（皮フの細胞が分化して、表皮の角質層をつくること）の異常で毛穴がふさがることによって、面皰という発しんができることで発症します。白くふくらんでいるのが「白ニキビ」、毛穴が開いて先端が黒いのが「黒ニキビ」です。

毛穴のなかでアクネ菌が増殖して炎症を起こすと「赤ニキビ」になって、膿を持つ場合もあり、炎症がさらに悪化すると囊腫（なか

に固体がつまった袋状のもの）や結節（しこり）ができます。炎症が治った後、紅斑や色素沈着を経て治癒する場合と、瘢痕（傷あと）やケロイド（傷あとの盛り上がり）が残る場合があります。

2008年に治療薬のアダパレンが承認されると、炎症を起こしていないニキビや、ニキビの前の状態（微小面皰）でも治療が可能になり、軽い症状のうちから治療することが推奨されるようになりました。また、アダパレンは、薬剤耐性を持つ耐性菌をつくりません。

2015年には、耐性菌を生じない過酸化ベンゾイルとクリンダマイシン（抗菌剤）の配合剤が発売され、薬剤治療がさらに充実しています。

お肌を洗いすぎるのは美肌に悪い？

Lesson_1

Lesson_2　人間と一緒にくらす「常在菌」

Lesson_3

Lesson_4

Lesson_5

Lesson_6

肌を洗いすぎると必要な常在菌がすみにくくなる

みなさんはお肌によかれと思って、洗剤を使ってごしごし顔や体を洗っていないでしょうか。こうすることは、実はお肌にとってあまり好ましくありません。

私たちの皮フ表面にはお肌をきれいに保つ常在菌がいますが、こうした菌を洗い流してしまうからです。それでも、通常は毛穴の中などに残っていた菌がすぐに増え始め、半日くらいでもとに戻ります。

ところが、クレンジングや洗浄剤を使って洗顔すると、肌はアルカリ性に傾き、皮フがカサカサになる原因になります。クレンジング剤は菌だけでなく、はがれ落ちるにはまだ早い角質細胞まで洗い流してしまうので、極度に乾燥してしまうのです。これでは、表皮ブドウ球菌※1がすみにくくなります。ですから皮フ常在菌のためには、洗いすぎないことが大切です。

表皮の一番上の角質層は、毎日少しずつはがれ落ちていきます。この自然にはがれるアカを、流すだけで十分なのです。

石けんを使って洗う場所は、アポクリン腺のある場所と足と足指の間、腸内常在菌の出口である肛門周辺です。

また、お肌を守るためには、適度な発汗が有効です。汗は表皮ブドウ球菌のエサを提供し、皮フの乾燥を防ぐのです。

上手な体の洗い方

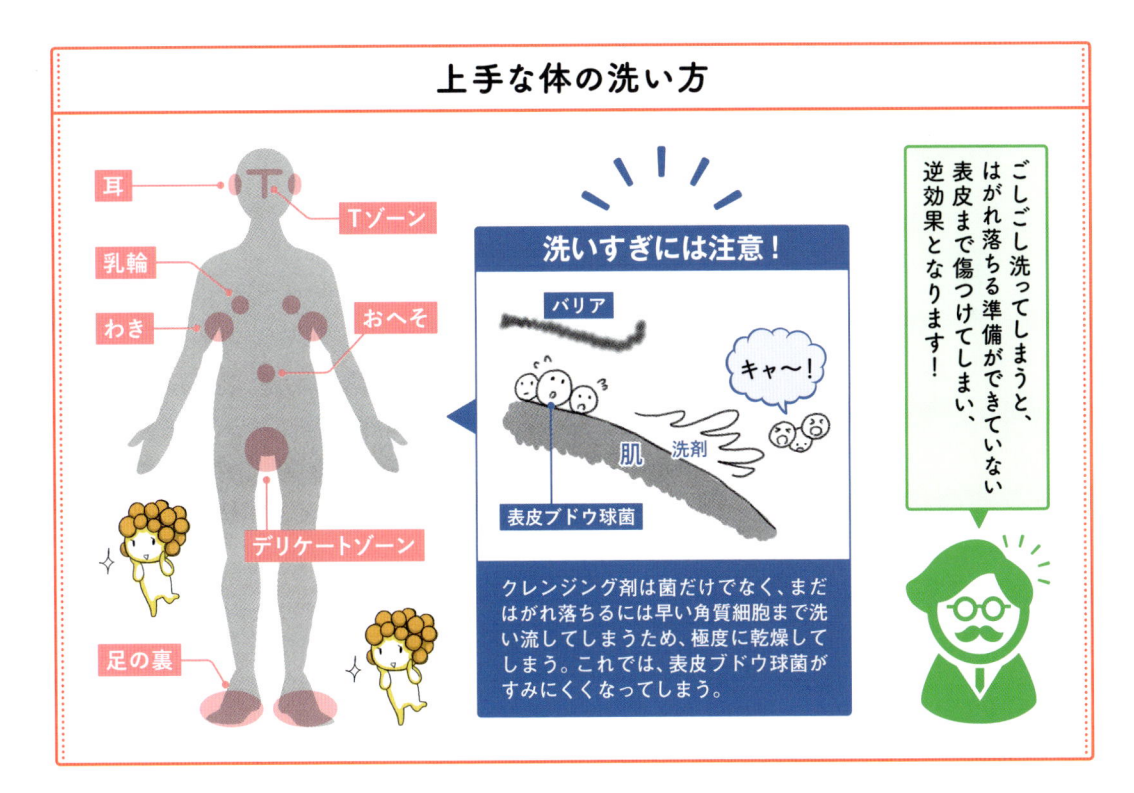

耳　Tゾーン　乳輪　わき　おへそ　デリケートゾーン　足の裏

洗いすぎには注意！

バリア

キャ〜！

肌　洗剤

表皮ブドウ球菌

クレンジング剤は菌だけでなく、まだはがれ落ちるには早い角質細胞まで洗い流してしまうため、極度に乾燥してしまう。これでは、表皮ブドウ球菌がすみにくくなってしまう。

ごしごし洗ってしまうと、はがれ落ちる準備ができていない表皮まで傷つけてしまい、逆効果となります！

※1：「美肌菌」とも呼ばれ、肌に潤いを与えるグリセリン関連物質を分泌したり、肌荒れやアトピー性皮フ炎を引き起こす黄色ブドウ球菌を退治する抗菌ペプチドを産生するなど、肌を守る大切な役割を担っています。抗菌ペプチドは汗にも含まれます。

抗菌グッズって本当に体にいいの？

除菌、殺菌、滅菌、抗菌。現代社会は抗菌・除菌ブーム

ドラッグストアなどには、抗菌・除菌をうたう商品がたくさん並んでいます。これらの言葉の「菌」は、細菌やカビ、ウイルスをあらわしています。

エスカレーターの手すりや電車のつり革、文房具や服、靴など……抗菌仕様をアピールしたものが身のまわりにあふれています。

日常生活において、菌の繁殖によって困ることがあります。たとえば、台所の流しのヌメリは細菌の繁殖によるもので、嫌なにおいのもとにもなります。こんなときには、殺菌剤を用いたり、噴射したりして細菌の繁殖を防ぎます。

では、抗菌にマイナス面はないのでしょうか。

私たちの体には腸内細菌を始め、皮フ、気道等のいろいろな臓器に多種多様な細菌や菌類がすみついています。こうした常在菌が、抗菌グッズの作用によって殺菌されてしまうことが考えられます。

薬用石けんや除菌アルコールの使いすぎは、肌の細菌のバランスを崩し、肌にトラブルをもたらす菌を繁殖させることにつながる危険があるといわれています。

皮フ常在菌は互いに密接な関係を持ち、複雑なバランスをとっています。バランスを保っているところには、新たな菌が侵入してき

除菌、殺菌、滅菌、抗菌の違い

これらの言葉の「菌」は、細菌やカビ、ウイルスをあらわしています。言葉の違いを見てみましょう！

除菌	目的とする物の内部および表面から微生物を除去すること。ろ過除菌、沈降除菌、洗浄除菌などがある
殺菌	目的とする物の内部および表面の微生物の一部またはすべてを殺すこと
滅菌	目的とする物の内部および表面のすべての微生物を殺滅または除去すること
抗菌	殺菌、滅菌、消毒、除菌、静菌、制菌、防腐および防菌などすべてのこと

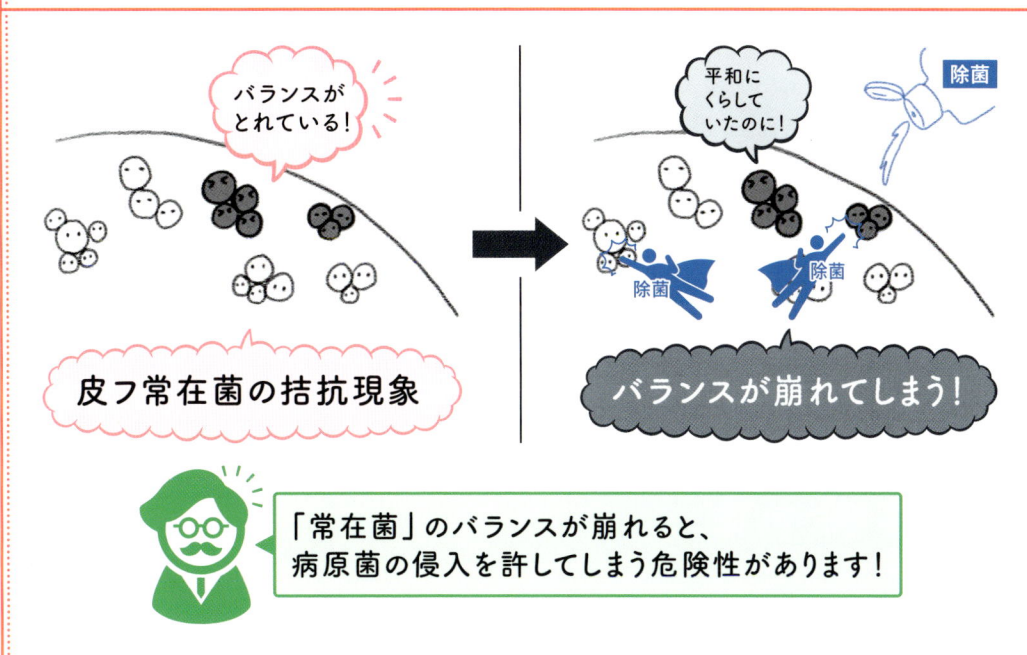

抗菌グッズの使いすぎは、病原菌侵入の可能性も

バランスが
とれている！

皮フ常在菌の拮抗現象

平和に
くらして
いたのに！

除菌

除菌

除菌

バランスが崩れてしまう！

「常在菌」のバランスが崩れると、
病原菌の侵入を許してしまう危険性があります！

ても定着できません。これを拮抗現象といいます。

抗菌グッズを使いすぎると、そのバランスが崩れ、かえって病原菌の侵入を許してしまう危険性があります。さらに、中途半端な殺菌は、病原菌がその抗菌に対して耐性を持ってしまうことがあります。そうなると抗生物質などが効きにくくなってしまいます。

除菌グッズの中には その効果に疑問があるものも

トイレが臭くなるのは、トイレの壁についたおしっこの成分の尿素が、細菌によって分解されてアンモニアができるためです。そこで、トイレ用の消臭剤として銀イオンを使ったものが販売されています。

ところが、「銀イオンで除菌」などと記載がある製品に公正取引委員会から、「表示しているような効果が見られないため、景品表示法に違反」として排除命令が出されました[1]。

たしかに銀や銀イオンは抗菌性を持っていますが、排除命令を受けたのは、銀の含有量がごく微量だったためでしょう。

このように、「抗菌」や「殺菌」をうたう商品の中には、その効果が疑問なものも少なくないのです。

微生物 Column

表示通りの効果が 得られなかった商品も

「首からぶら下げるだけ」「部屋に置くだけ」で空気中に放出される二酸化塩素の効果で、生活空間の除菌・消臭ができるとうたう空間除菌グッズも話題になりました。

しかし、各社から消費者庁へ提出されたのは密閉空間などでの試験結果でした。換気をしたり、人が出入りする部屋でも効果があるとは認められなかったのです。

※1：2007年にアース製薬のトイレ用芳香洗浄剤、2008年に小林製薬が販売するトイレの芳香消臭剤「銀のブルーレットおくだけ」と「銀の消臭元トイレ用」に対してです。

Lesson.1
Lesson.2 人間と一緒にくらす「常在菌」
Lesson.3
Lesson.4
Lesson.5
Lesson.6

よく耳にする「腸内フローラ」って何？

細菌は「酸素好きか嫌いか」でも分類できる

細菌	好気性菌	微好気性菌	酸素濃度が3〜15%程度の環境下で生育
		偏性好気性菌	酸素が必要
	嫌気性菌	通性嫌気性菌	酸素があっても生育できる
		偏性嫌気性菌	酸素があると生育できない

大腸菌

ビフィズス菌

腸管上部には酸素があるので、通性嫌気性菌がすみ、ほぼ酸素のない大腸には嫌気性菌がすんでいます！

腸内フローラとは群生する腸内細菌のこと

最近、「腸内フローラ」という言葉をよく聞きます。

腸内には数百種類、数として100兆個程度の細菌がすんでいると考えられています。重さにして、約1.5キログラムにもなるといわれています。

これら腸内細菌は、それぞれの菌がそれぞれのテリトリーをつくりながら群生し、腸内細菌叢を構成しています※1。

腸内細菌叢は、同じ種類の菌が、まるでお花畑のように腸の壁面をおおって生息していることから、植物が群生している様子（フロ

ーラ）になぞらえて腸内フローラとも呼ばれます。

なぜ腸内細菌は主に大腸で活動しているの？

腸内細菌は主に大腸を活動場所にしています。大腸は、小腸よりも長さが短いし、面積も小さいところです。なぜ腸内細菌は、主に大腸で活動しているのでしょうか。

まず、食べ物は、口、食道、胃を通って、十二指腸などの小腸の上部にきます。そこから消化だけでなく吸収も始まります。このため、腸管の部位によって栄養分の物質や量が違ってきます。

※1：『叢（そう）』は、「くさむら」「群がり集まる」「多くのものの集まり」という意味です。

私たちは、食べ物と一緒に空気も取り込んでいます。空気中に酸素が21％含まれていますが、細菌には酸素に対して「好気性」と「嫌気性」という分類が存在します。嫌気性菌は、酸素があると生育できない細菌です。好気性菌と嫌気性菌は、左の図のように、さらに2種類ずつに分けられます。

口から入り込んだ空気中の酸素は、腸管上部にすむ好気性菌によって消費されていきます。下部に進むほど腸管内の酸素濃度は低下し、大腸に至るころにはほとんど完全に酸素はなくなり嫌気性の環境になります。

小腸にはまだ酸素があるので、通性嫌気性菌の乳酸桿菌が多くすみついています。盲腸から大腸になると、ほとんど無酸素状態になり、酸素があると増殖しないか死滅してしまう偏性嫌気性菌が爆発的に多くなるというわけです。

また、石けんや洗剤が持つような界面活性のはたらきを持つ胆汁中の胆汁酸には、細菌

の細胞膜を溶かすという殺菌作用があるので、細菌が生育しにくくなっています。

毎日、合計で20〜30グラムの胆汁酸が腸内に分泌され、そのうちの90％は回腸で再吸収されて再利用されています。したがって腸内細菌は、胆汁酸が少ない回腸よりもあとの大腸を主な活動場所としているのです。

微生物 Column

主な腸内細菌と大腸菌の種類と数

十二指腸・空腸は胆汁などのはたらきが及ぶため、細菌の数は1グラムあたり1000〜1万個程度で、乳酸桿菌やレンサ球菌などが生育しています。

回腸では、1億個を超える菌数になります。さらに大腸では、100億〜1000億個と多くなります。多いのはバクテロイデス菌で、それにビフィズス菌などが続きます。

Lesson.1
Lesson.2 人間と一緒にくらす「常在菌」
Lesson.3
Lesson.4
Lesson.5
Lesson.6

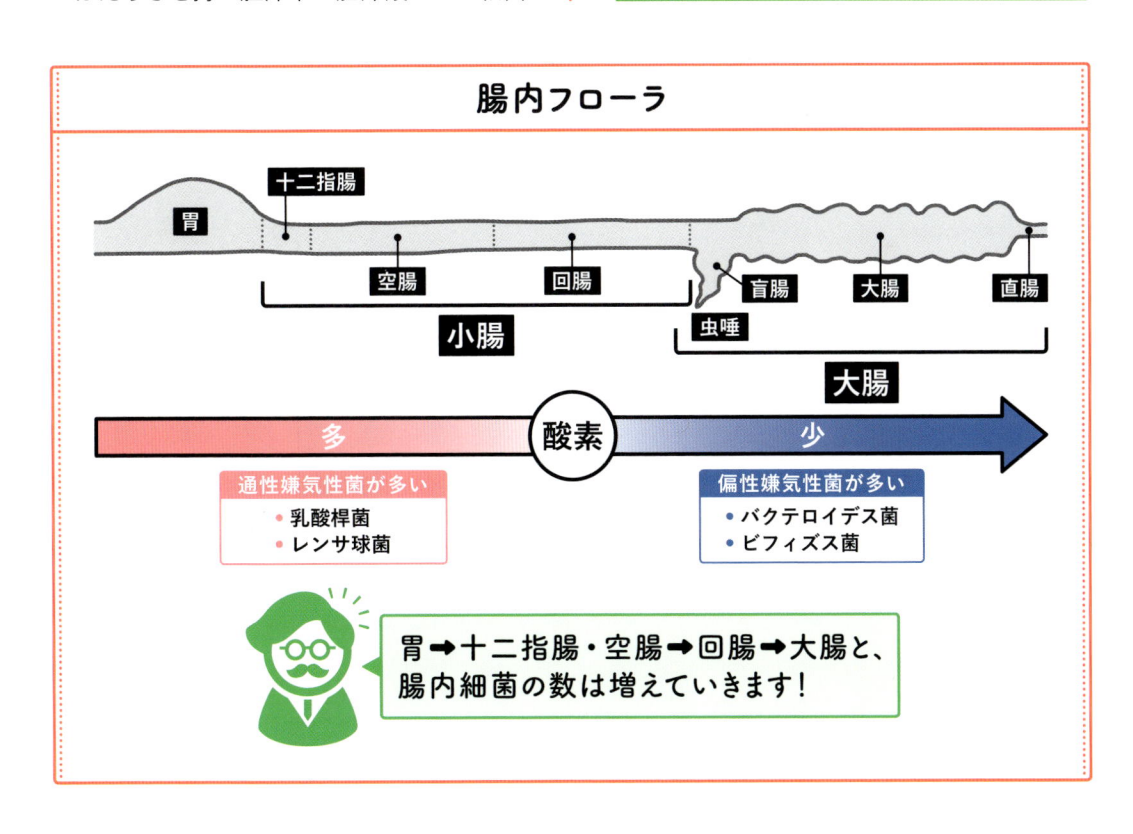

腸内フローラ

胃　十二指腸　空腸　回腸　盲腸　虫垂　大腸　直腸

小腸　大腸

酸素　多　少

通性嫌気性菌が多い
・乳酸桿菌
・レンサ球菌

偏性嫌気性菌が多い
・バクテロイデス菌
・ビフィズス菌

胃➡十二指腸・空腸➡回腸➡大腸と、腸内細菌の数は増えていきます！

健康にいいイメージの
乳酸菌とビフィズス菌って何？

乳酸菌やビフィズス菌は、なぜ体にいいと考えられているの？

乳酸菌は、糖を分解して乳酸をつくる菌の総称で、数多くの種類が存在します。人体には小腸と女性の腟に、乳酸桿菌属の乳酸菌が生育しています。ビフィズス菌は、糖から酢酸や乳酸をつくります。母乳で育った乳児の腸管内に定着することが知られています。

ロシアの微生物学者メチニコフ（1845～1916年）が、20世紀初頭、「大腸内の細菌がつくり出す腐敗物質こそが老化の原因である」とする自家中毒説をもとにして、「ブルガリアのスモーリャン地方には長寿の人間が多く、その要因としてヨーグルトがある」とい

う説を提唱しました。

乳酸桿菌を摂取すると、腸内で繁殖し、有害な細菌の増殖をおさえることで健康と長寿をもたらすと説いたのです[1]。

しかし、乳酸菌飲料を飲むと病気にかからず長生きするかははっきりしていません。

しかも、生きている乳酸菌を含んだ飲料を飲んでも胃の胃酸で死に、腸内に生育可能な形では到達しません。

生きたまま腸まで到達する乳酸菌（ラクトバチルス・カゼイ・シロタ株）[2]も、腸に定住できず通過するだけです。生きて届くと、腸内を通過する間に常在菌によい影響を与えるものを分泌したり、常在菌のエサになったりするはたらきがあるとしています。

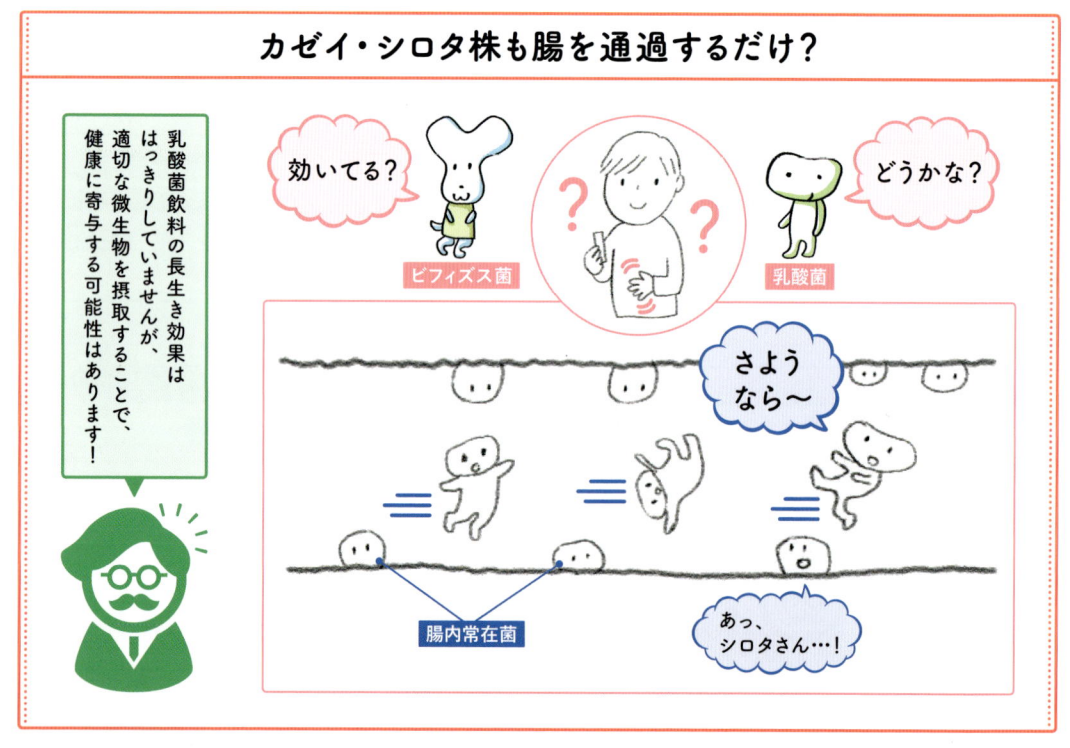

カゼイ・シロタ株も腸を通過するだけ？

乳酸菌飲料の長生き効果ははっきりしていませんが、適切な微生物を摂取することで、健康に寄与する可能性はあります！

効いてる？　ビフィズス菌

？　？

どうかな？　乳酸菌

さようなら～

腸内常在菌

あっ、シロタさん…！

※1：メチニコフの説は、ハーシェルが1909年に出版した『発酵乳と純粋培養乳酸桿菌による疾病治療』、その2年後のダグラスの『長生きの桿菌』で世に広められました。
※2：1930年代にわが国の微生物学者である代田稔（しろた・みのる）は、胃酸で壊されることなく腸まで到達する丈夫な乳酸桿菌（ラクトバチルス・カゼイ・シロタ株）を手に入れました。1935年に、それを発酵乳の中で育てて「ヤクルト」と呼ばれる最初のボトルをつくり出しました。

腸内細菌は何をしているの？

腸内フローラの細菌

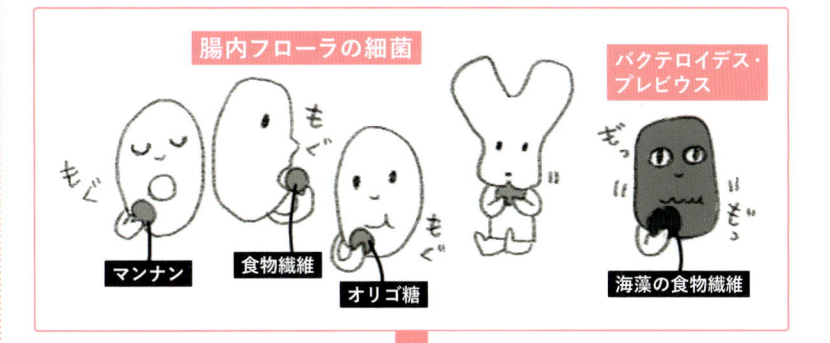

腸内フローラの細菌

バクテロイデス・プレビウス

もぐ

もぐ

もぐ

ぎっ

| マンナン | 食物繊維 | オリゴ糖 | | 海藻の食物繊維 |

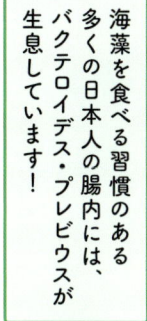

海藻を食べる習慣のある多くの日本人の腸内には、バクテロイデス・プレビウスが生息しています！

腸内細菌が食べてできる代謝産物

- 酢(さく)酸、乳酸、酪(らく)酸
- ビタミン
- 水素、メタン、アンモニア、硫化水素

食べ物の不消化物を食べて様々な代謝産物をつくる

腸内細菌は、小腸と大腸の腸管にたくさんすんでいて、大部分は大腸にいます。大腸の腸内フローラは何をしているのでしょうか。

口からとった食べ物は、胃、十二指腸、小腸で、デンプンなどの糖はブドウ糖に、タンパク質はアミノ酸に、脂肪は脂肪酸とモノグリセリドに消化されて体内に吸収されます。

食物の不消化部分、消化液、消化管上皮がはがれたものが大腸にやってきます。大腸内の常在菌は、それらの一部をエサにしてくらしています。

腸内フローラの細菌でもっとも多いのはバクテロイデス・ブルガーリフで、うんちの中の菌の80％を占めます。次に多い順でビフィズス菌、ユーバクテリウム属と続きます[1]。

バクテロイデスのなかま（バクテロイデス・プレビウス）[2]は海藻に含まれる食物繊維を分解する酵素をつくることができます。

バクテロイデスやビフィズス菌は、私たちの体内では消化しづらいフラクトオリゴ糖、ガラクトオリゴ糖、キシロオリゴ糖などのオリゴ糖（単糖が2個から10個程度結びついた少糖類）をエサにします。エサにすることでできる代謝産物は、主に酢酸や乳酸、酪酸などの酸、ビタミン（B1、B2、B6、B12、K、ニコチン酸、葉酸）、水素、メタン、アンモニア、硫化水素などです。

※1：バクテロイデスがどんな性質の細菌なのかは、科学誌『Nature』2015年1月号に「腸内細菌のバクテロイデスが利己的にマンナンを独り占めしている」という報告からうかがわれます。マンナンとは酵母の細胞壁をつくる多糖類で、小腸まででは消化できないものです。
※2：海藻を食べる習慣のある日本人には、バクテロイデス・プレビウスが腸内に生息している場合が多いことがわかっています。

Lesson_1
Lesson_2 人間と一緒にくらす「常在菌」
Lesson_3
Lesson_4
Lesson_5
Lesson_6

がまんしたおならはどこへいく？

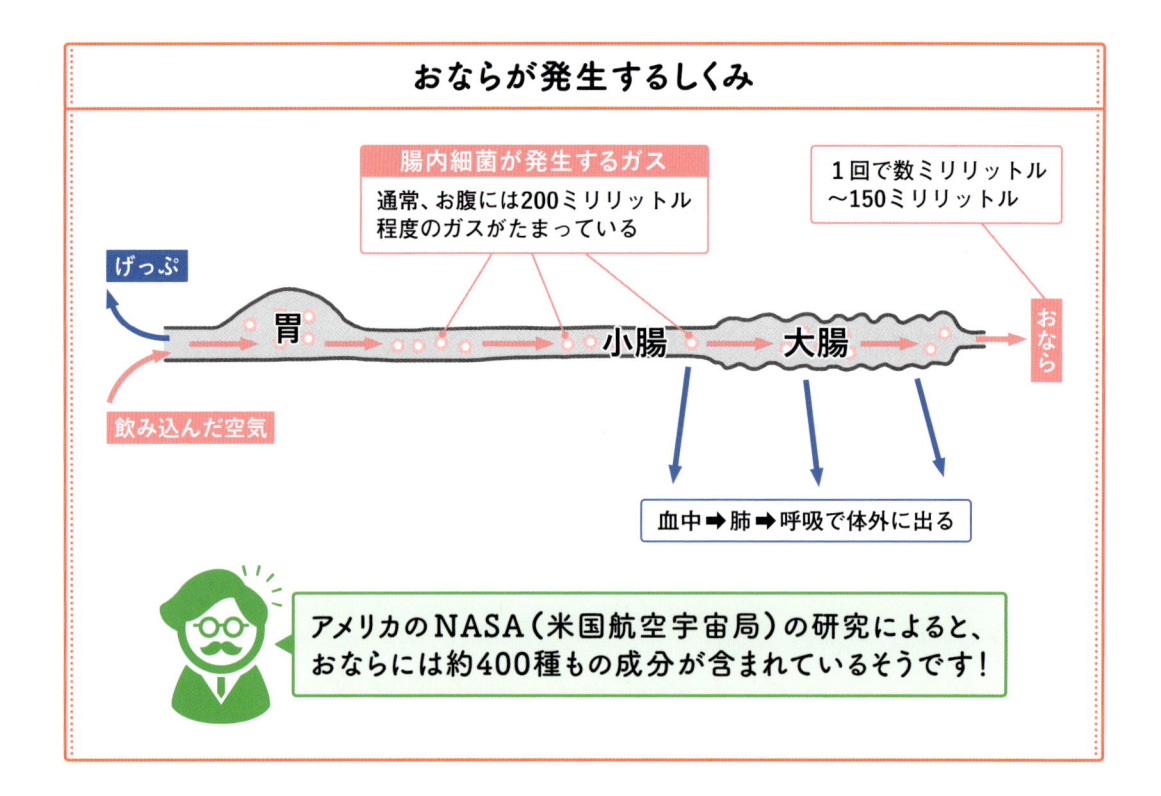

おならが発生するしくみ

腸内細菌が発生するガス

通常、お腹には200ミリリットル程度のガスがたまっている

1回で数ミリリットル〜150ミリリットル

げっぷ

飲み込んだ空気

胃　小腸　大腸　おなら

血中➡肺➡呼吸で体外に出る

アメリカのNASA（米国航空宇宙局）の研究によると、おならには約400種もの成分が含まれているそうです！

おならは、口から飲み込まれた空気や腸内で発生するガス

口から飲み込まれた空気や腸内で発生するガスと、おならやげっぷとして排出されるガスの量はバランスがとれています。

口から飲み込まれたり腸内で発生するガスのほとんどが、血液中に吸収されて肺を通り、呼吸のときに排出されます。げっぷやおならとして排出されるのは、お腹に入ったガスのわずか10％に満たない量です。

おならの主な成分は、飲み込まれた空気中の窒素が60〜70％、水素が10〜20％、二酸化炭素が約10％などです※1。

食べ物と一緒に口から飲み込まれた空気の成分は、乾燥空気で窒素78％、酸素21％、アルゴンその他1％です。酸素は好気性菌によって消費されるので、おならに一番多い成分の窒素はこの空気がもとになっています。

タンパク質には窒素が含まれています。においをともなうアンモニア、インドール、スカトールも窒素が含まれた物質です。アンモニアはタンパク質をつくるアミノ酸の代謝でもでき、インドール、スカトールは、トリプトファンというアミノ酸の代謝でできます。おならのにおいは、大腸内のタンパク質分解菌や腐敗菌が生成するこれらが主な原因です。

硫黄を含む物質である硫化水素もおならのにおい成分で、含硫アミノ酸という硫黄を含んだアミノ酸の代謝でできます。

※1：その他に、酸素、メタン、アンモニア、硫化水素、スカトール、インドール、脂肪酸、揮発性のアミンなどがあります。

タンパク質をたくさん含んでいる肉や魚をたくさん食べたあとは、におい物質が大量にできます[※2]。

ストレスによってもおならは臭くなります。疲れやストレスで、消化器が食べ物をうまく消化できなくなるために、腸内細菌のバランスが崩れるからです。

このように、おならのにおいは腸内細菌の様子をはかるバロメーターになります。

がまんしたおならは毛細血管から吸収され、全身を巡る

ところで、おならをがまんすると、がまんしたおならは、どこへいくのでしょうか。

がまんし続けたおならのほとんどは、大腸の粘膜にある毛細血管から血液中に吸収されていきます。このとき、おならの量が多ければ大腸の手前にある小腸まで逆流し、ここでも同様に粘膜の毛細血管から血液中に吸収さ

れていきます。そして、血液中に入ったおならは、血流にのって全身を巡ります。途中、一部は腎臓で処理されておしっこの成分となりますが、残りは肺の毛細血管まで運ばれ、呼気（息）に混じって口や鼻から排出されます。つまり私たちは、気づかぬうちに口や鼻からもおならを出していることになるのです。

微生物 Column

NASAの研究チームがおならを真剣に研究

おならの研究に真剣に取り組んだのは、アメリカのNASAの研究チームです。狭い宇宙船内に臭くて有毒なおならがたまったらまずいのです。

また、宇宙食は、量は少ないが高カロリーなので、おならの生産効率が高く、水素やメタンガスの産生量も多いので、場合によってはガス爆発の危険性があります。

Lesson.1　Lesson.2 人間と一緒にくらす「常在菌」　Lesson.3　Lesson.4　Lesson.5　Lesson.6

がまんしたおならのゆくえ

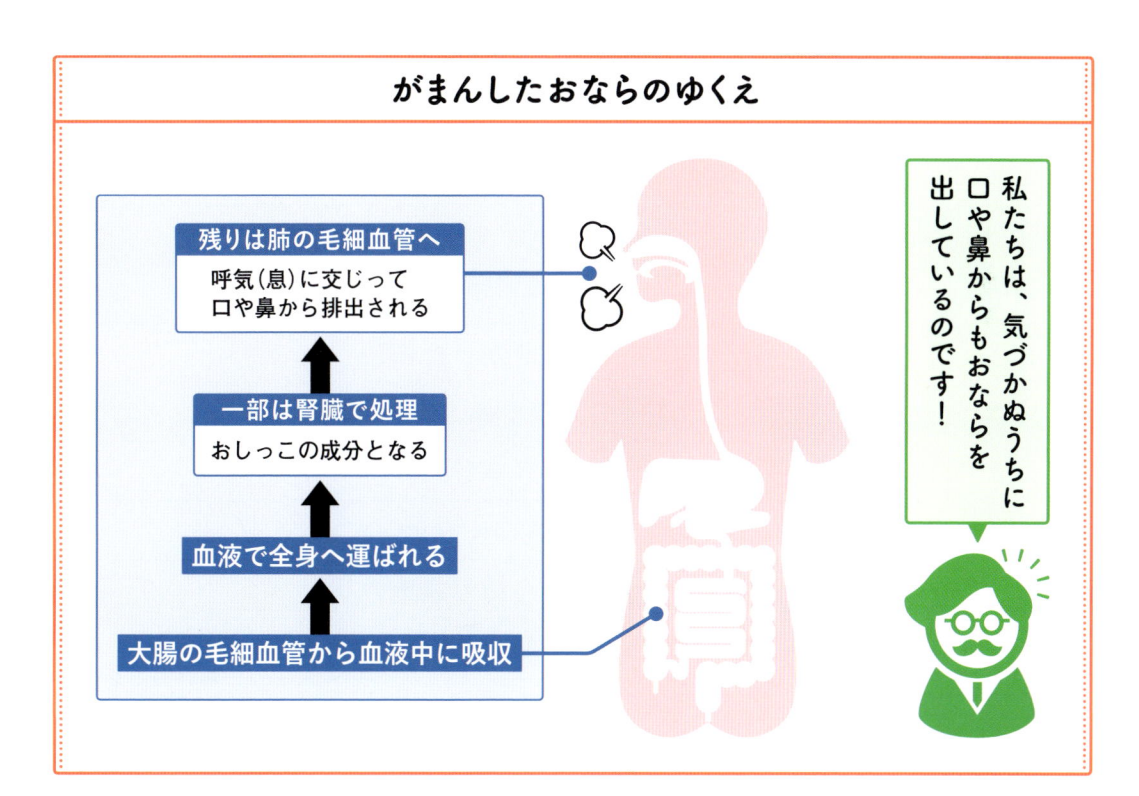

残りは肺の毛細血管へ
呼気（息）に交じって口や鼻から排出される

↑

一部は腎臓で処理
おしっこの成分となる

↑

血液で全身へ運ばれる

↑

大腸の毛細血管から血液中に吸収

私たちは、気づかぬうちに口や鼻からもおならを出しているのです！

※2：うんち研究者の辨野義己（べんの・よしみ）さんは1日に1.5キログラムの肉を40日間食べ続けました。毎日米や野菜、果物を口にしないで肉食を続けるとビフィズス菌は減少し、クロストリジウムが増え、体臭がきつくなり、うんちも強烈なにおいを発するようになったということです。

うんちの色や形で健康チェックができる？

理想的なうんちは やわらかいバナナ状

うんちは、食物の不消化部分、消化液、消化管上皮がはがれたもの、腸内細菌の死がいなどを含んでいます。だいたい、水分が全体の60%、消化管上皮がはがれたもの（腸壁細胞の死がい）が15〜20%、腸内細菌の死がいが10〜15%です。

うんちの量および回数は食物の種類や分量、消化吸収状態によって違ってきますが、だいたい1日に100〜200グラムで、1日1回が普通です。一般に、動物性食品を多くとると植物性食品の多食時に比べて、量・回数とも少なくなります。

色は黄色から黄色がかった褐色で、においがあっても臭くなく、やわらかいバナナ状が理想のうんちです。

逆に黒っぽい色で、悪臭がある便は、腸内細菌のバランスが悪くなっている状態です。

分量はバナナ2〜3本分です。うんちの太さは、基本的に肛門の締まり具合で決まります。理想的な硬さなら、やはり皮をむいたバナナと同じくらいの太さになるはずです。

うんちの色と硬さで 健康状態がわかる

うんちの色は大腸を通過する時間が短いと黄色になり、長くなるほど黒っぽくなります。

「理想のうんち」のめやす

分量や硬さ、太さ…。「理想のうんち」は「バナナ」が基準です！

腸内細菌の研究者・辨野さんの「理想のうんち」

1	毎日出る
2	いきまずに、ストーンストーンと出る
3	色は黄色から黄色がかった褐色
4	重さは200〜300グラム
5	分量はバナナ2〜3本分
6	におうけれども、きつくない
7	硬さはバナナ状から練り歯磨き状
8	水分量は80%
9	便器に落ちると水中でパッとほぐれて、水に浮く

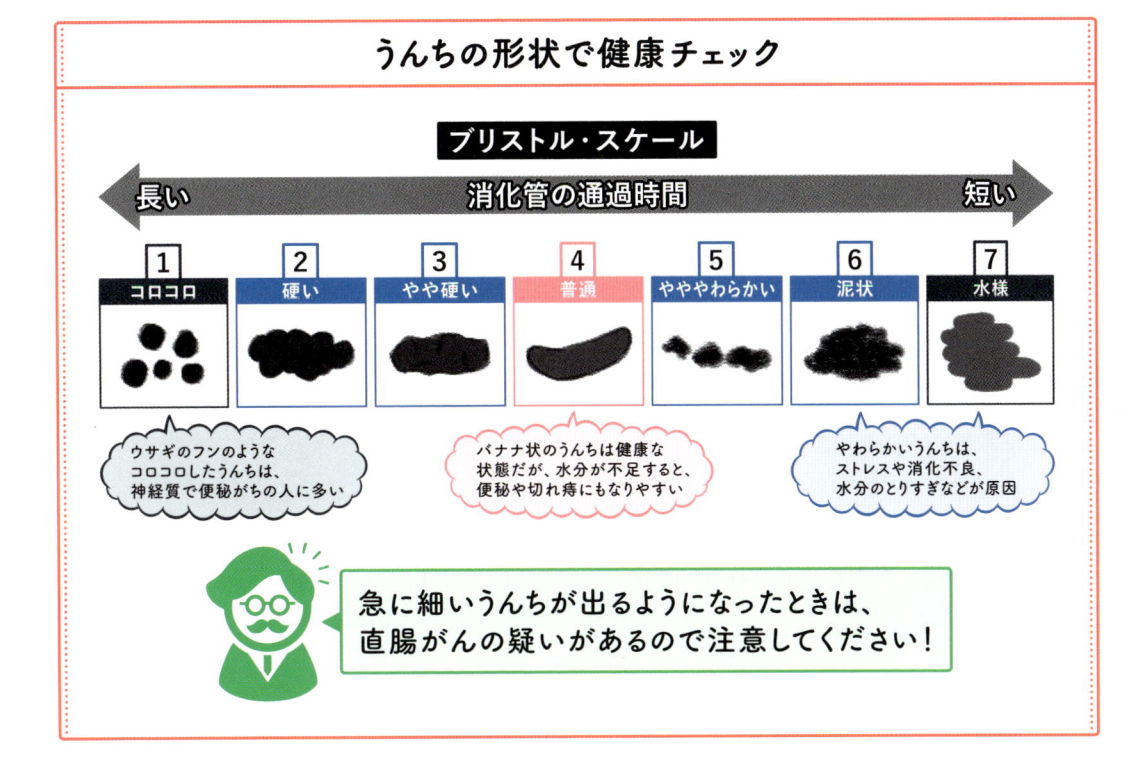

うんちの形状で健康チェック

ブリストル・スケール

← 長い　消化管の通過時間　短い →

1	2	3	4	5	6	7
コロコロ	硬い	やや硬い	普通	やややわらかい	泥状	水様

ウサギのフンのような
コロコロしたうんちは、
神経質で便秘がちの人に多い

バナナ状のうんちは健康な
状態だが、水分が不足すると、
便秘や切れ痔にもなりやすい

やわらかいうんちは、
ストレスや消化不良、
水分のとりすぎなどが原因

急に細いうんちが出るようになったときは、
直腸がんの疑いがあるので注意してください！

黄色や黄色がかった褐色は、健康なうんちの色です。胆汁中の黄色い色素がうんちに混じっているため、通常は茶褐色や黄色、もしくは緑っぽい色をしています。

脂肪分をとりすぎると、胆汁を使いすぎて補給が間に合わないために白っぽいうんちになります。食事に心当たりのある場合は心配ありません。

しかし、肝炎や胆石症などがあり、胆汁が流れなくなっている可能性もあります。ときには肝臓がんや胆のうがん、すい臓がんのこともあります。

血液が混じっていたり、タール状の便は危険サインです。うんちの表面に血がついている場合は、痔の可能性が高いです。うんち全体が赤っぽいときは大腸からの出血が考えられ、大腸がんや直腸がんの可能性もあります。

ドロッとしたタール状のうんちが出たときは、上部消化管からの出血が疑われる危険サインです。出血性胃炎、胃潰瘍、十二指腸潰瘍、胃がんの可能性があります。

うんちの硬さ、形といった特徴を7段階に分類した国際的な基準があります。ブリストル・スケールといい、イギリスのブリストル大学が開発しました。

4〜5の間の練り歯磨き状のうんちがもっとも健康な状態です。

 微生物 Column

うんちがスルリと出るのはムチンのおかげ

便切れのよいうんちは、粘液の「衣」をまとっているので肛門につきにくく、何度もふく必要がありません。この粘液の正体は、消化管から出るムチンと水分です。

ムチンは、糖とタンパク質を成分とする高分子です。ムチンはだ液にも含まれており、食べ物を飲み込みやすくするのに役立っています。

Lesson.1
Lesson.2 人間と一緒にくらす「常在菌」
Lesson.3
Lesson.4
Lesson.5
Lesson.6

虫歯と歯周病は大病のもとになる？

歯周病のしくみと関連する病気

歯周病のしくみ

歯周ポケット
溜まった歯石
グラグラ
歯茎が炎症

しっかり歯みがきをしないと…

中年期以降は要注意

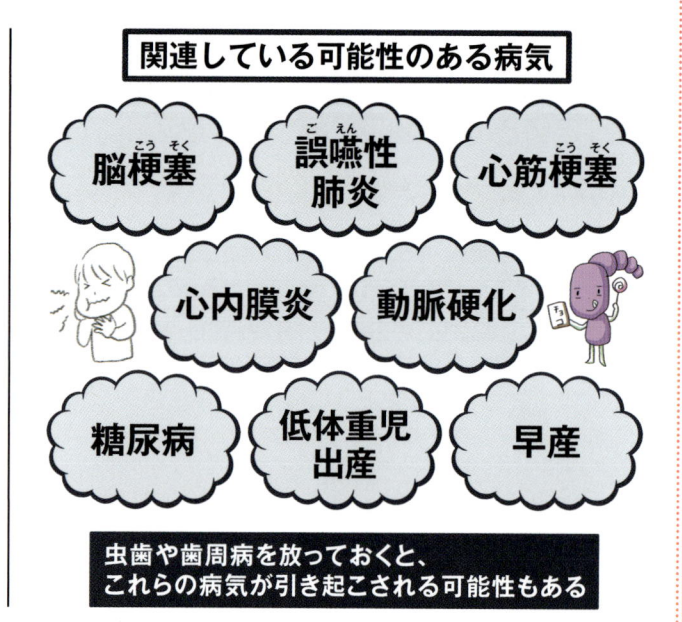

関連している可能性のある病気

脳梗塞　誤嚥性肺炎　心筋梗塞

心内膜炎　動脈硬化

糖尿病　低体重児出産　早産

虫歯や歯周病を放っておくと、これらの病気が引き起こされる可能性もある

虫歯を放置すると、脳梗塞や心筋梗塞を引き起こすことも

口の中には様々な常在菌（細菌）がすんでいます。なかでも虫歯を引き起こすのがストレプトコッカス・ミュータンスという菌です。歯みがきをしないと、これらの細菌とその産生物、食べ物の残りカスなどが結びついて、歯の表面に歯垢（プラーク）をつくります。

歯垢は歯みがきなどの物理的な手段でなければ取り除けません。歯をみがかなかったりすると虫歯が進行することがあります[※1]。

虫歯を放置すると歯の痛みやひどい口臭を引き起こすほか、歯の中心部の歯髄が化膿し、顎の骨が侵されることや、全身で細菌が炎症を起こす敗血症になることもあります。

また最近では、虫歯や歯周病により歯原性菌血症と呼ばれる病気が引き起こされることがわかっています。歯周病の原因菌などによる刺激が原因で動脈硬化を誘導する物質が生じ、血管内にプラーク（粥状の脂肪性沈着物、歯垢とは組成が異なる）ができることがわかってきて、動脈硬化や脳梗塞、心筋梗塞などを引き起こす可能性が指摘されています。

動脈硬化は、不適切な食生活や運動不足、ストレスなどが原因とされていますが、口の中の衛生環境も影響している可能性があるのです。さらに、歯周病は老人の誤嚥性肺炎や心内膜炎、糖尿病などのリスクを上昇させるという研究もあります。

※1：砂糖をとる頻度が多かったり、歯みがきをしないなど以外にも、だ液の量や体質などの様々な原因によって虫歯（う蝕〈しょく〉）となります。

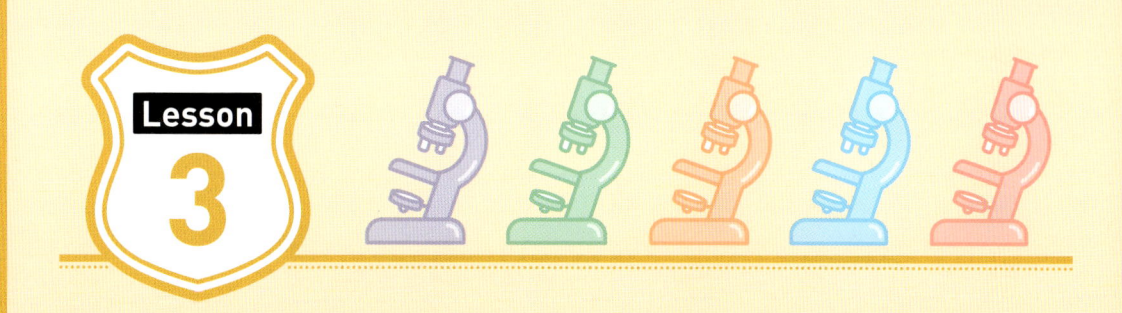

Lesson 3

「おいしい食品」をつくる

微生物

「発酵」と「腐敗」は何が違うの?

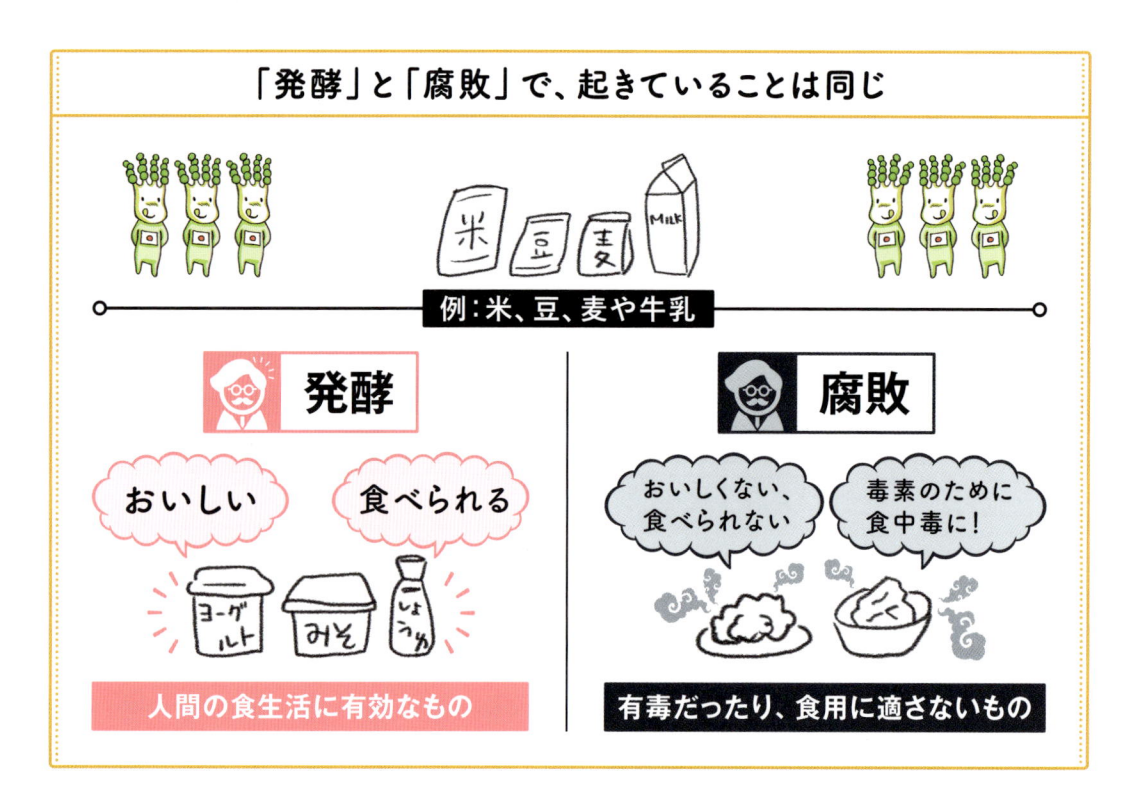

「発酵」と「腐敗」で、起きていることは同じ

例:米、豆、麦や牛乳

発酵

おいしい　食べられる

人間の食生活に有効なもの

腐敗

おいしくない、食べられない　毒素のために食中毒に!

有毒だったり、食用に適さないもの

「発酵食品」は和食の中心的な存在

日本の食事スタイルは「一汁三菜」といわることでもわかるように、動物性の脂肪分をあまりとらず、長寿や肥満の防止にも効果的だといわれています[1]。

なかでも豊かな味わいを出すのが、発酵を利用した調味料の豊富さです。具体的には味噌や醤油、みりん、酢、カツオ節、魚醤などがあげられますが、これらは日本独特のもので、いずれもカビや酵母を使った発酵食品です。

細菌の活動によって、人間の食生活に有効なものがつくり出される場合、それを発酵と呼びます。一方で、それが有毒であったり、食用に適さないものである場合は、腐敗といいます。

日本の発酵食品を生み出すもとになっているのが、ニホンコウジカビ[2]（アスペルギルス・オリゼー）によってつくり出される麹です。

カビというと、あまりいい印象は持たないかもしれませんが、ニホンコウジカビは有毒な物質をつくり出しません。

コウジカビは、植えつけられた対象のデンプンやタンパク質を分解し、糖やアミノ酸に分解しながら成長します。その性質をうまく利用して、味噌、醤油、清酒など様々な食品をつくり出してきたのです。

※1：一汁三菜とは、ご飯に汁もの、おかず3種（主菜1品、副菜2品）で構成された献立のこと。おかずは主に生魚を使用したなます、焼物、煮物の3つがつく献立といわれています。

※2：ニホンコウジカビは、日本の伝統的な食文化に大変大きな影響を与えてきました。よって日本醸造学会は、このカビを日本の「国菌」に指定しています。

21 日本酒のつくり方は ビールやワインと何が違うの?

2段階の発酵過程でおいしい日本酒ができる

清酒をつくるのに重要なのは、麹です。これはニホンコウジカビで、味噌・醤油・日本酒の醸造には欠かせない菌です。清酒の製造過程では「一こうじ（麹）、二もと（酛）、三つくり（造り）」といわれ、麹づくりの良し悪しで清酒のでき方が大きく変わってきます。

麹づくりでは、まず、蒸したお米に麹菌の種菌がまかれます。パラパラと種菌をまく様子から、この工法を「散麹」といいます。

1種の麹菌のみを繁殖させたものを使うのが、日本酒の澄んだおいしさをつくる秘密の1つになっていると考えられています。

その麹を、「麹室」という特別な部屋で約2日かけて繁殖させます。麹室は気温が30℃、湿度が60%ほどに保たれていて、麹菌が繁殖しやすい環境になっています。

次に行われるのが、「もと」と呼ばれる酵母が入った液体をつくる作業です。麹と水をまぜたところに、種酵母を入れ、その酵母を増やします。この液体は「酒母」とも呼ばれ、麹・米と一緒に仕込まれることになります。

麹によってお米のデンプンが糖化され、その糖を酵母がアルコールにするという二段階のはたらきで清酒ができあがります。ワインがブドウの糖を直接酵母がアルコールに変えるのに比べると、日本酒は独特の醸造方法でつくり出されているのです。

日本酒の醸造過程と種類

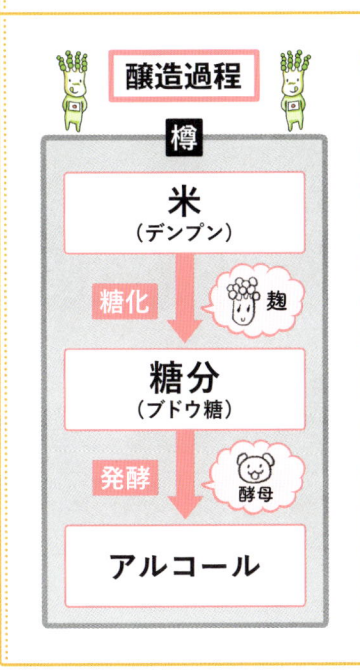

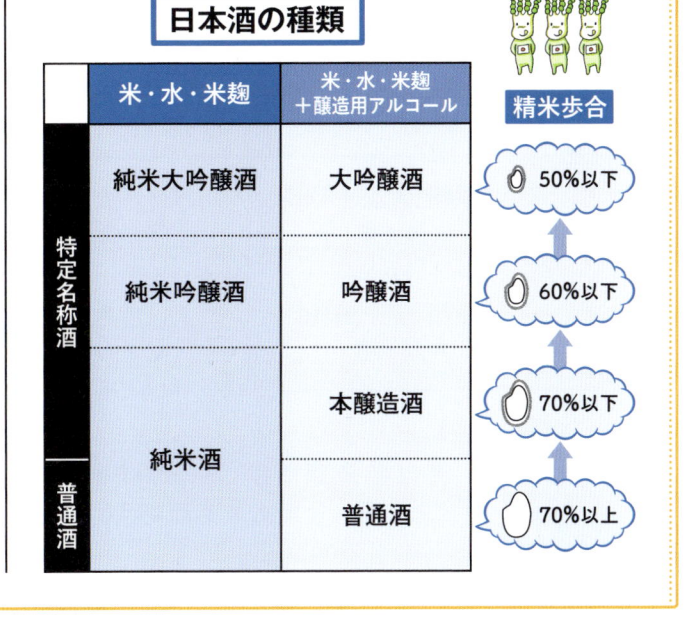

	米・水・米麹	米・水・米麹 +醸造用アルコール	精米歩合
特定名称酒	純米大吟醸酒	大吟醸酒	50%以下
	純米吟醸酒	吟醸酒	60%以下
		本醸造酒	70%以下
普通酒	純米酒	普通酒	70%以上

おいしい味噌づくりにカビはどう関係している?

味噌は、地域によって様々な種類がある

全国各地には様々な種類の味噌がありますが、下の図のように、米味噌、豆味噌、麦味噌と大きく3種類に分けることができます。

このほかにも、変わり種である味噌が数多くあります。味噌は、地域によって様々なつくり方があり、同じような製法でも、地域が変わると味も香りも異なったものになります。

味噌づくりに欠かせないカビや酵母のはたらき

味噌はどのようにつくるのでしょうか。

米味噌づくりはまず、米麹をつくることから始まります。麹は、「糀」とも書きます。「糀」は日本でつくられた漢字（国字）で、できあがったコウジが、お米に花が咲いたようになることからつくられました。良質の米を蒸して、そこに麹菌の種菌をつけ、麹菌がついた米を約48時間寝かせると、麹菌が繁殖して麹ができます。このときに使われる麹菌は黄麹菌と呼ばれ、アスペルギルス・オリゼーという種類のカビです。

次に大豆を煮ます。煮た大豆をつぶして広げ、熱をとった後、適量の比率の米麹・大豆・塩を容器に入れ込みます。できるだけ空気が入らないように足で踏みならすなどして原料を容器内に入れていきます。空気が入らない

全国各地の味噌

	原料	特徴	主な産地
米味噌	米麹（米＋麹菌）＋大豆・塩	白味噌や赤味噌、甘口、辛口などバリエーション豊富	日本各地で広くつくられている
豆味噌	豆麹（大豆＋麹菌）＋大豆・塩	水分が少なく、濃厚な風味	愛知県三河地方の八丁味噌が有名
麦味噌	麦麹（麦＋麹菌）＋大豆・塩	淡い色合いで、甘みがある	九州地方、中国地方西部、四国地方の一部

昔は各家庭に手づくりの味噌があり、その味噌を自慢したことから、今でも「手前味噌」という言葉が残っています!

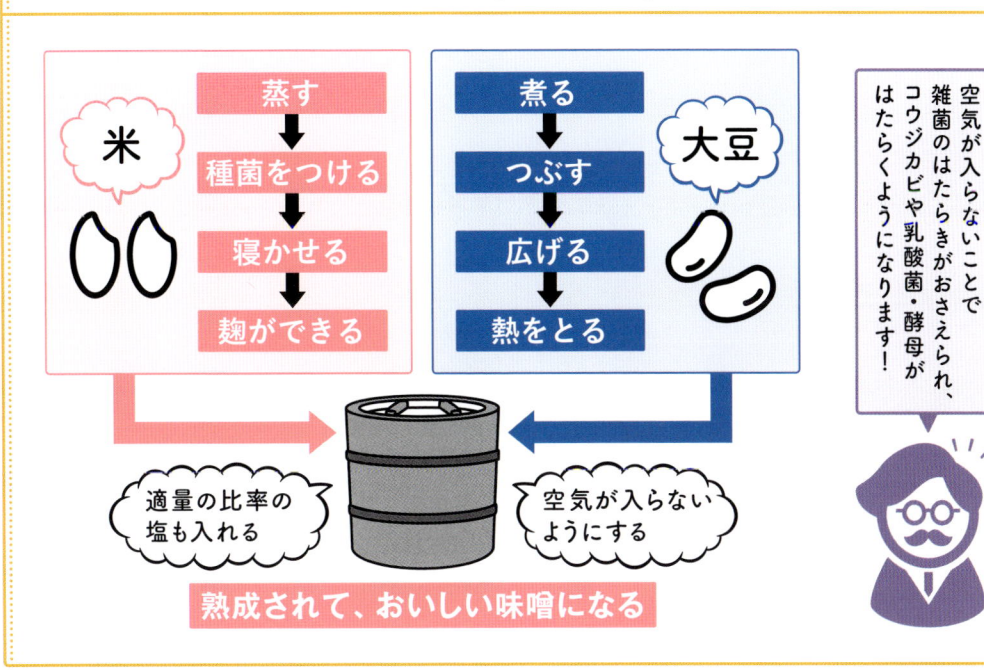

おいしい味噌のつくり方

米
蒸す → 種菌をつける → 寝かせる → 麹ができる

大豆
煮る → つぶす → 広げる → 熱をとる

空気が入らないことで雑菌のはたらきがおさえられ、コウジカビや乳酸菌・酵母がはたらくようになります！

適量の比率の塩も入れる

空気が入らないようにする

熟成されて、おいしい味噌になる

Lesson-1
Lesson-2
Lesson-3 「おいしい食品」をつくる微生物
Lesson-4
Lesson-5
Lesson-6

ようにするのは、雑菌のはたらきをおさえてコウジカビや乳酸菌・酵母がはたらくようにするためで、重要な作業です。こうして容器に入れ込まれた味噌の原料は、ゆっくりと熟成され独特の色・味と香りを醸し出し、おいしい味噌ができあがります。

味噌には「白味噌」と「赤味噌」がありますが、両者の違いはつくり方にあります。白味噌は、大豆を煮てその煮汁を分離する一方、赤味噌は大豆を蒸してすべての大豆を利用します。味噌の褐色は大豆の成分が化学反応してできるものですが、製法の違いによって成分に差が出て色の違いになります。熟成させる期間も重要で、期間が長くなると色が濃くなり、赤味噌になるのです。

味噌の原料である大豆には、豊富なタンパク質が含まれています。また、デンプンも多く含まれています。コウジカビがもつ酵素によって、タンパク質は分解されてアミノ酸になり、デンプンは分解されて糖になります。ア

ミノ酸は旨味のもとになり、糖は甘味のもとになります。

また、製造過程で入り込んだ耐塩性酵母や耐塩性乳酸菌のはたらきによってアルコールや乳酸もでき、独特の風味を加えます。乳酸のほどよい酸味は他の雑菌の繁殖をおさえ、味噌が腐敗するのを防いでいます。

微生物 Column

味噌には、がんや糖尿病予防の効果もある

味噌にはがんを抑制する効果や、糖尿病、高血圧の予防効果があることが近年の研究でわかってきました[1]。

また、味噌汁の塩分は、他の食品に比べて少ない特徴があります。野菜などの塩分を含まない（少ない）具を多く入れれば味噌汁の汁の部分が少なくなり、さらに塩分の摂取量を減らすこともできます。

※1　味噌汁を毎日摂取する人のグループと、そうでない人のグループでは、これらの症状に差があり、味噌汁をとる人のほうががん・糖尿病・高血圧になりにくいという結果が報告されています。

淡口醤油は塩分濃度が一番高い？

醤油の種類

濃口醤油（こいくち）	全国の8割以上を占めるごく普通の醤油。日本の醤油の代表格	
薄口醤油（うすくち）	食塩を多めに使って発酵させた色の薄い醤油。色が淡いため、素材の色を生かしたい料理に使われ、上方料理から発達。塩分濃度も高いのが特徴	
溜醤油（たまり）	中部地方でつくられる色の濃い醤油。独特のとろみがある。濃厚な旨味と独特な香りをもつ	
再仕込醤油（さいしこみ）	山陰地方や九州北部で使われる。味や香りが強い醤油。麹を食塩水で仕込む他の醤油と違い、すでにこの段階で生揚げ醤油を使って仕込むので、再仕込と呼ばれる	
白醤油（しろ）	淡口醤油よりも一段と色が薄い琥珀色の醤油。甘みも強く、独特な香りをもつ	

醤油は大きく分けて5種類。旅先で、使い慣れたものとは異なる醤油に出合って、驚くこともあるでしょう！

醤油づくりでは、微生物を段階的にはたらかせる

醤油づくりは、主原料である「大豆」と「小麦」にニホンコウジカビを植えつけることから始まります。

ニホンコウジカビは多くの物質を分解します。蒸し上げられた大豆の主成分であるタンパク質を分解してアミノ酸に、小麦の主成分であるデンプンを糖に分解するのです。

できあがった醤油麹に冷やした食塩水を入れて、麹と食塩水が混じり合ったものが「もろみ」です。これをタンク内で冷却しながら熟成させます。このとき活躍するのが乳酸菌です。乳酸発酵によって、もろみが酸性に偏り、他の細菌類がはたらきにくくなります。

次に酵母を追加します。酵母は、小麦が分解されてできた糖分を分解してアルコールをつくり出します。このアルコールは、乳酸菌がつくり出した様々な有機酸と反応して、醤油の複雑な香りや旨味をつくり出します。

完全に熟成を終えたもろみは、いよいよ絞られます。これが生醤油です。

生醤油には、たくさんの微生物が生きた状態で入っています。このままでは微生物群によって風味がどんどん変化してしまうので、瞬間高温殺菌や色の調整などを行います。

食塩含有量は淡口醤油が最高の18%、濃口が16%で、減塩醤油は9%ほどです。上手に使い分けたいものですね。

Lesson_3 24 パンとホットケーキの違いって何?

ふくらむ理由は同じでも材料とでき方が違う

パンとホットケーキはどちらも小麦粉を使って焼き上げますが、大きな違いはドライイーストとベーキングパウダーにあります。

ドライイーストは、イースト菌（酵母菌）という微生物を乾燥させて休眠させたものです。一方、ホットケーキのベーキングパウダーは、炭酸水素ナトリウム（重そう）と酸性剤（酒石酸など）を主な素材にしたものです。

イーストを使うパンは、焼く前に発酵という段階を経ます。

イーストは、生地と一緒に入れられた糖分を栄養分として利用し、それを分解します。

そのとき、二酸化炭素やアルコールなどをつくり出します。発酵は、イーストがもっとも活動しやすい30〜40℃程度で行われます。

高温で焼かれた生地は、さらに大きくふくらみます。生地の中にできた二酸化炭素の泡が加熱されて膨張するからです。

小麦粉に水を加えて混ぜると、小麦粉に含まれるグリアジンとグルテニンという2種類のタンパク質が、粘性と弾性を合わせ持った物質（グルテン[※1]）に変わっていきます。

イーストがつくり出した二酸化炭素の泡は、グルテンの粘り気によって保持されてつぶれることがないのです。パンを焼くときに強力粉という小麦粉を使うのは、強力粉にはグルテンが多く含まれているからです。

Lesson.1 Lesson.2 Lesson.3 「おいしい食品」をつくる微生物 Lesson.4 Lesson.5 Lesson.6

材料とでき方が違う

パンの場合

材料
小麦粉・水・砂糖、**ドライイースト**

ふくらむ理由
糖 →イースト（酵母）→発酵→ ふくらむ！二酸化炭素 ＋ アルコール

ホットケーキの場合

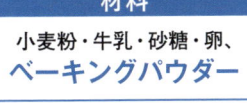

材料
小麦粉・牛乳・砂糖・卵、**ベーキングパウダー**

ふくらむ理由
重そう（炭酸水素ナトリウム）＋酒石酸 → ふくらむ！二酸化炭素 ＋ 酒石酸ナトリウム ＋ 水

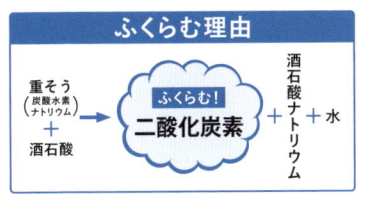

パンもホットケーキも二酸化炭素でふくらむのは同じですが、材料とでき方が違うのです！

※1　グルテンが引き金になって体の不調を起こす病気があるため、近年「グルテンフリー」の食材が話題ですが、その病気が疑われる場合は医療機関の受診が必要です。そうでない人がグルテンを避けることに科学的な意味はなく、かえって栄養状態を不良にするなどの危険があります。

ビールの泡は 微生物の吐息だった？

泡がビールのおいしさを 閉じ込めてくれる

ビールは、麦芽・ホップ・米・コーンスターチからできています。ビールの製造には、ビール酵母が大きなはたらきをします。

ビール酵母といっても、そのはたらきは簡単なものではありません。つくる途中のビールの表面で活発に活動する上面発酵酵母と、最後の最後にビールの底で活躍する下面発酵酵母があり、これらのバランスなどがビールの風合いを生み出すのです。

ビールの泡は、ビール酵母が活動した結果生まれた二酸化炭素です（下の図の4参照）。

同じように、酵母がつくった二酸化炭素が含まれる飲み物には、シャンパンや発泡性の日本酒などがあります。ところがその泡が長時間持続することはありません。ビールの泡だけが長時間消えずにいます。その理由は、ビールの成分に起因してします。

麦芽に含まれていたタンパク質と、ホップの中に含まれていたイソフムロンという樹脂成分が結びついて、比較的強い泡ができると考えられています。残ったビールの泡だけ舐めてみると、強い苦味を感じます。ビールの泡には苦味成分が集まっているのです。

泡はビールを空気から遮断してくれます。見かけの問題だけではなく、これによってビールが本来持つおいしさを、泡が消えるまでの間は持続させられるのです。

ビールのつくり方

1	麦を発芽させて麦芽（モルト）をつくる。その後、乾燥させて成長を止める。
2	麦芽を砕いて、米やコーンスターチなどと一緒に煮る。するとデンプンが麦芽によって分解されて、麦芽糖になる
3	麦芽糖の液にホップを加えてタンクに入れる。これを麦汁（ばくじゅう）という
4	麦汁にビール酵母を加えて1週間ほど発酵させる。酵母は、麦芽糖を栄養分にして盛んに二酸化炭素を出し、アルコールに変えていく。このときに出る二酸化炭素がビールの泡になる
5	4をろ過して瓶などに詰めて、ビールが完成する

26 ワインは どうやってつくるの？

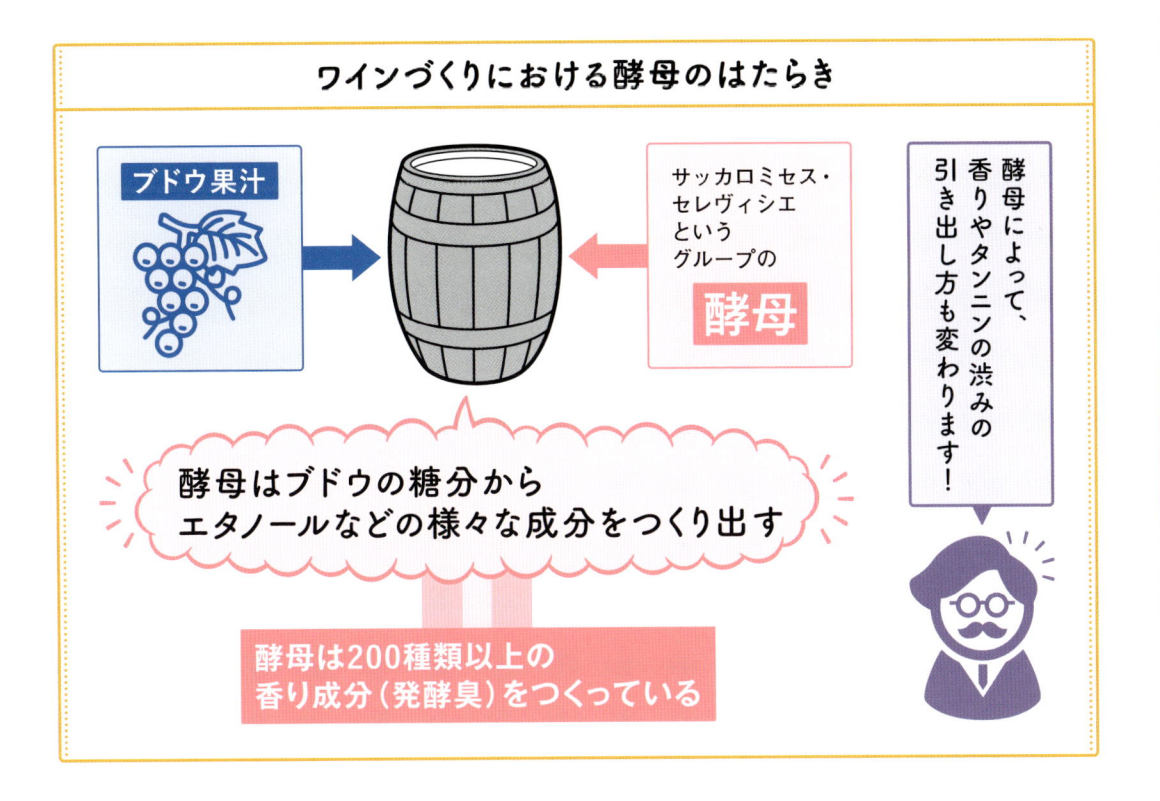

ワインづくりにおける酵母のはたらき

ブドウ果汁

サッカロミセス・セレヴィシエというグループの **酵母**

酵母はブドウの糖分からエタノールなどの様々な成分をつくり出す

酵母は200種類以上の香り成分（発酵臭）をつくっている

酵母によって、香りやタンニンの渋みの引き出し方も変わります！

ワインの品質はぶどうと酵母に依存している

白ワインは果皮や種子を取り除いたブドウ果汁を発酵させてつくります。一方、赤ワインは黒い種皮を持つブドウを、果皮・種子ごと破砕して発酵させます。果皮から赤い色素、種子から苦味成分のタンニンが出てきて色や渋みがつくのです。ロゼワインは、赤ワインの醸造工程の途中で果皮の部分を取り除く方法や、黒いブドウを利用して適当な色になるまで果皮も一緒に絞り、その後醸造する方法があります。いずれも、ブドウ液からつくられることは共通しています。

ワインはブドウ果汁に酵母を加えて発酵させてつくります。活躍するのはサッカロミセス・セレヴィシエというグループの酵母で、ブドウ果汁の糖分をもとにアルコールとして主にエタノールや様々な成分をつくり出します。

ワインには発酵臭という大切なにおいがあり、酵母がブドウ果汁からつくっています。その成分は200種類以上もあり、多くはエステルというものです。どの酵母を利用するかで香りやタンニンの渋みが変わってきます。つまりワインの品質はブドウと酵母、両方に依存しているのです。

天然酵母だけでなく、失敗なく狙い通りのワインをつくるめに、培養酵母の利用が増えています。また、短期間で効率よくワインをつくる遺伝子組換え酵母も登場しました。

酢酸菌はデザートから先端技術までつくっている?

お酒を酢に変える酢酸菌は、先端技術でも大活躍

お酒 ＋ 酢酸菌  エタノールを酸化させて酢酸をつくり出す

酢酸菌でつくるセルロースという繊維は、デザートから先端技術にまで活用される

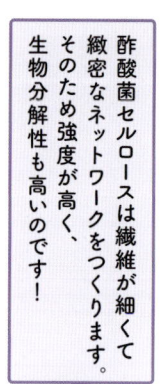

酢酸菌セルロースは繊維が細くて緻密なネットワークをつくります。そのため強度が高く、生物分解性も高いのです!

デザート

ナタデココ

酢酸菌が、ヤシの実の中にあるココナッツ水からつくり出したもの

先端技術

音響振動板や人工血管、創傷被覆材、UVカット材など、様々な素材に使われている

酢酸菌は、酢だけでなく繊維をつくることもできる

酢の酸っぱさと鼻にツンとくる特徴的な香りの主成分は酢酸です。

穀物や果実を酵母で発酵させると、ビールやワインをつくるのと同じで、エタノールを含んだ液体ができます。つまりお酒です。

酢をつくるときには、このお酒に酢酸菌を追加します。酢酸菌は、エタノールを酸化させて、酢酸をつくり出します。酢酸菌は、比較的酸性の環境を好み、活発に活動します。

酢酸菌は自然界にもたくさん存在しています。よくあるのがアルコール度数の低いお酒などを放置しておくと、酢酸菌によって分解されてしまうケースです。お酒の表面に酢酸菌の膜が形成され、せっかくのお酒も徐々に酢になってしまうのです。

酢酸菌は好気性細菌で、ずっと空気を与え続けた状態にすると、効率よく増殖して大量の酢酸をつくり出してくれます。

酢酸菌は、セルロースという繊維（紙をつくる植物繊維）もつくることができます。ナタデココは、酢酸菌がヤシの実の中にあるココナッツ水からつくり出したものです。

酢酸菌のようなバクテリアがつくるセルロースは、繊維がとても細くて緻密なネットワークをつくるので強度が高く、生物分解性も高いので、音響振動板や人工血管、UVカット材など様々な素材に使われています。

カツオ節が醸し出す味と香りは微生物のおかげ？

カビ付けを何度もくり返し、旨味と香り豊かな本枯節になる

カツオ節は、下の図のような複雑な工程でつくられます。もっとも大切なのはカビ付けです。使われるカビ（カツオ節カビ）はコウジカビのなかまで、次のような仕事をします。

①水分を少しずつ除く

カツオ節が長期間保存できるのは、乾燥しているからです。表面のカビは生育するために、節の中からゆっくりと水分を引き出していき、長期保存が可能になります。

②余分な脂を除く

カツオの身には大量の脂（脂質）がありますが、カツオ節カビはリパーゼという酵素を産生して、脂質を脂肪酸に分解します。"だし"に脂が浮かんでこないのはこのためです。

③脂質の酸化を防ぐ

カツオ節には高度不飽和脂肪酸がたくさん含まれていて、なかでもドコサヘキサエン酸（DHA）は全脂質のうち25％以上を占めます。カツオ節カビが脂質を分解する際に、抗酸化物質をつくっているので、長期保存しても酸化で品質劣化が起こったりしません。

④特有の香りをつける

削ったばかりのカツオ節はすばらしい香りがします。カツオそのものの香り、煮る工程のメイラード反応[※1]でできる香り、焙乾の際の燻蒸香に加えて、カビ付けによってカツオ節特有の芳香ができあがります。

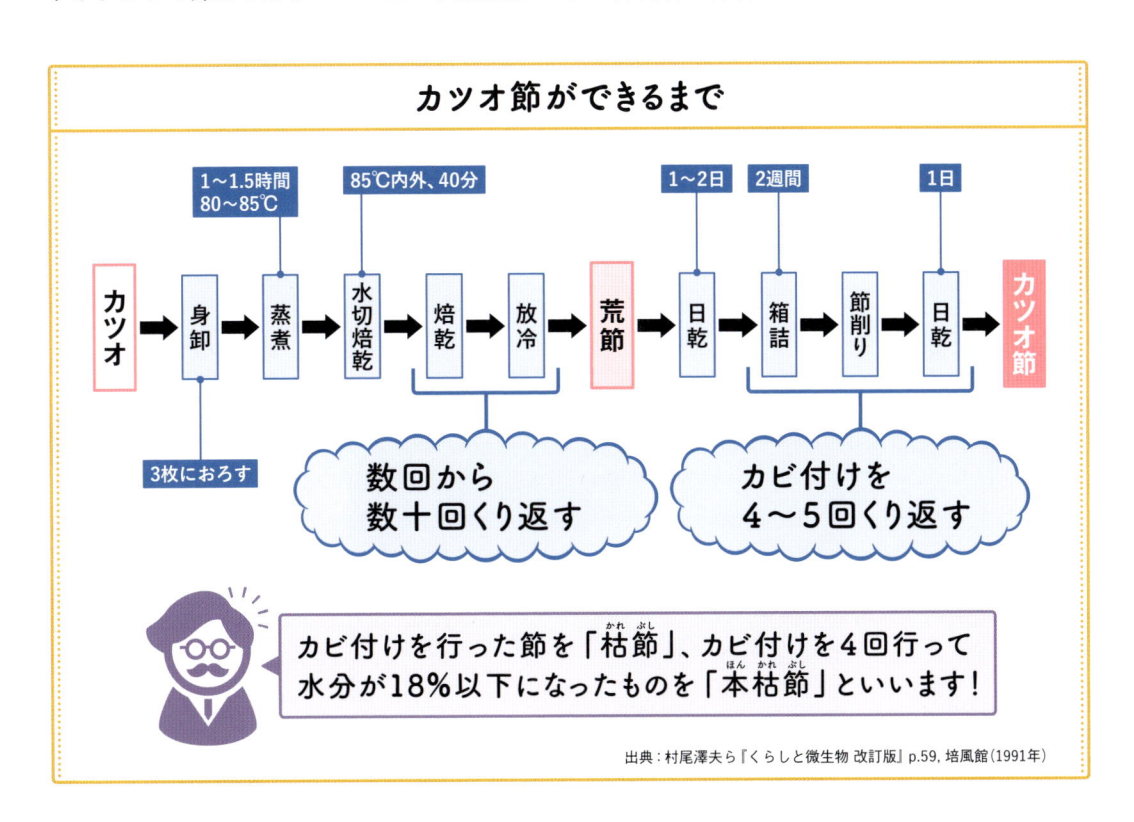

カツオ節ができるまで

1～1.5時間 80～85℃ → 85℃内外、40分 → 1～2日 → 2週間 → 1日

カツオ → 身卸 → 蒸煮 → 水切焙乾 → 焙乾 → 放冷 → 荒節 → 日乾 → 箱詰 → 節削り → 日乾 → カツオ節

3枚におろす

数回から数十回くり返す

カビ付けを4～5回くり返す

カビ付けを行った節を「枯節」、カビ付けを4回行って水分が18％以下になったものを「本枯節」といいます！

出典：村尾澤夫ら『くらしと微生物 改訂版』p.59, 培風館（1991年）

※1：メイラード反応とは、糖とアミノ酸を加熱したときなどに褐色の物質ができる反応のことをいい、しばしば特有の香りをもつ物質ができます。食パンを焼いたときに焦げができるのもメイラード反応によるものです。

Lesson_1
Lesson_2
Lesson_3 「おいしい食品」をつくる微生物
Lesson_4
Lesson_5
Lesson_6

ヨーグルトの酸っぱい味や粘りはなぜ生まれるの?

乳酸菌がミルクを発酵させてヨーグルトをつくる

乳酸菌とは、自分が生きていくためのエネルギーを炭水化物の発酵によって得て、その際に乳酸を生成する細菌のことをいいます。

乳酸を生成する細菌はたくさん知られていますが、消費した炭水化物から50%以上の割合で乳酸をつくる細菌を乳酸菌といい、桿菌や双球菌、連鎖状球菌など様々な種類の乳酸菌がいます。

乳酸菌はヨーグルトのほか、発酵バター、チーズ（熟成タイプ）、馴れずし、漬物、味噌、醤油など、様々な食品をつくっています。こうした乳酸菌のはたらきを発酵といいます。

ヨーグルトをつくるには、加熱殺菌したミルク（牛乳、山羊乳など）に、培養した乳酸菌を加えて適温で発酵を行います。乳酸菌が増殖するとさわやかな酸っぱい味が生まれ、酸によって乳タンパク質が凝固してプリン状になってきます。ヨーグルトの独特な香りは、ラクトバチルス・ブルガリカスという乳酸菌がつくったアセトアルデヒドによるものです。発酵にともない酸性が強くなっていくと、食中毒菌などの有害微生物が生育できなくなり、ヨーグルトの安全性や保存性が高まります。

また、カスピ海ヨーグルトの「粘り」は、ラクトコッカス・クレモリスという菌が生み出します。単糖類がたくさん結びついてできた多糖類を生み出し、あの食感になるのです。

ヨーグルトのおいしさは乳酸菌のおかげ

発酵とともに酸性が強くなると有害微生物が生育できなくなり、ヨーグルトの安全性や保存性が高まります！

ミルク ＋ 乳酸菌 ── 乳酸菌のはたらき

加熱殺菌したミルクに培養した乳酸菌を加えて適温で発酵させると…

ヨーグルトができる！

乳タンパク質を固める

さわやかな酸っぱい味

独特の香りが出てくる

発酵バターはバターを発酵させているわけではない？

Lesson_1
Lesson_2
Lesson_3 「おいしい食品」をつくる微生物
Lesson_4
Lesson_5
Lesson_6

「バター」と「発酵バター」の違い

バターのつくり方

牛乳（ホモジナイズしていない）を振り続ける

乳脂肪分の粒子同士が合体して大きな粒になる

やがて脂肪分の大きな塊になる

バターの完成！

発酵バターのつくり方

牛乳に乳酸菌を入れて、短時間（長くても8時間程度）発酵させる

サワークリームの状態にする

バターづくりと同じように振り続ける

発酵バターの完成！

バターは主に脂肪なので、バター自体が発酵することはありません！

バターは、牛乳の脂肪分を濃縮してつくられる

バターの原料は牛乳です。牛乳には乳脂肪分が含まれています。普通に売られている牛乳は、飲み心地を安定させるために、乳脂肪分を細かく砕くホモジナイズという作業をしてから売られています。

一方バターの原料乳は、脂肪の粒を細かく砕く処理を行わない（ホモジナイズしていない）牛乳です。その中にはいろいろなサイズの乳脂肪の粒が含まれています。バターをつくるときにはよく冷やした牛乳を振り続けます。すると、乳脂肪分の粒子同士が合体して大きな粒になり、やがて脂肪分の大きな塊に

なります。これがバターです。脂肪のほかに、不足しがちなビタミンAが牛乳の10倍以上含まれているといわれています。

このようにしてできた脂肪の塊に食塩を追加したものが普通に売られているバター、食塩を入れなければ無塩バターになります。

ところで、発酵バターはどのようにつくられているのでしょうか。

バターは、ヨーロッパではかなり昔から使われてきました。冷蔵庫がない時代は、牛乳を安定して保管できず、時間がたつと乳酸菌によって発酵していました。その発酵した牛乳を原料にしてつくられたのが「発酵バター」なのです。ですから、普通のバターを発酵させているわけではありません[1]。

※1 バターは主に脂肪ですから、そもそも発酵することはありません。

様々な種類のチーズは何が違うの?

代表的なチーズ

フレッシュチーズ
代表的なチーズ **モッツァレラチーズ**

- ミルクの中のタンパク質(カゼイン)が固まったもの
- クリームチーズなどは塩分が少なめ

白カビチーズ
代表的なチーズ **カマンベールチーズ**

- 表面にカビが生えている
- 白いカビだけど、アオカビのなかま
- カビがつくる酵素がタンパク質を分解して、内側へ向かって熟成させる

ブルーチーズ
代表的なチーズ **ゴルゴンゾーラチーズ**

- アオカビをチーズ全体に植えつけ熟成
- カビの成長のために、カードを押し固めず、空気を含んだ状態にするのが特徴

チーズの始まりは、動物の内臓の酵素のはたらき?

動物の乳を、加工食品としてチーズに変えたのは、動物たちを家畜とする以前の話といわれています。動物の内臓を「袋」として活用しているうちに、偶然チーズができることを発見したというのが定説です。

ウシやヤギが子どものときには、母乳を消化するための酵素を分泌します。それをレンネットといいます。それが残っていた内臓にミルクを入れて運ぶうちに、チーズができたのではないかと考えられています。

現在、多くはカビからつくられる代用品で、「微生物レンネット」と呼ばれます。

ミルクのなかに含まれている乳タンパクは、レンネットや酢、レモン汁などで固めることができます。温めたミルクにこれらの物質を入れるとタンパク質が凝集して「カード」というものになり、ホエーと呼ばれる液体部分にカードが漂います。カードを固めたものがフレッシュチーズです。

一般的に多く流通しているプロセスチーズは、いろいろな種類のナチュラルチーズを混合し、加熱して融かし、冷却させたものです。カビや細菌類が死んでしまうため、熟成は止まっていて、長期保存に向いています。

これに対して、発酵によってつくられ、そのままだと発酵が進む「生きているチーズ」をナチュラルチーズと呼びます。

漬物は野菜を保管する知恵だった?

乳酸菌のはたらきが野菜の旨味を増し、腐敗を防ぐ

漬物は、キュウリ・ナス・野沢菜・カブなどの野菜類や魚介類などと、食塩・酒粕・酢・米糠（こめぬか）などを一緒に漬け込み、一定の期間おいた後に取り出して食べる食品です。

漬物は、漬けて、味がしみたらすぐに食べるものと、1か月から半年程度熟成してから食べるものとがあります。熟成させるものは発酵をともなうものが多く、微生物が出す酸のはたらきで野菜の腐敗を防いでいます。

発酵をともなうタイプの漬物は、どんな微生物がかかわっているのでしょうか。

糠漬け（ぬか）などでよくはたらいているのが、乳酸菌です。乳酸菌にも様々な種類がありますが、漬物の場合、植物の成分を主に分解するタイプの乳酸菌です。

漬物を仕込んだ後は、しばらくいろいろな細菌が繁殖します。乳酸菌のなかでも乳酸球菌と呼ばれる種類の細菌が一緒に増えますが、時間の経過とともに漬物の酸性度が上がり、多かった雑菌は減少していきます。その代わりに乳酸桿菌（かん）という種類の乳酸菌や、酵母が増えるようになります。

乳酸菌が増えると酸味が増し、野菜そのままとは違った風味になってきます。野菜が持っているデンプンやタンパク質も、微生物のはたらきで分解され、糖やアミノ酸ができます。これが旨味のもとになるのです。

漬物をおいしくする微生物のはたらき

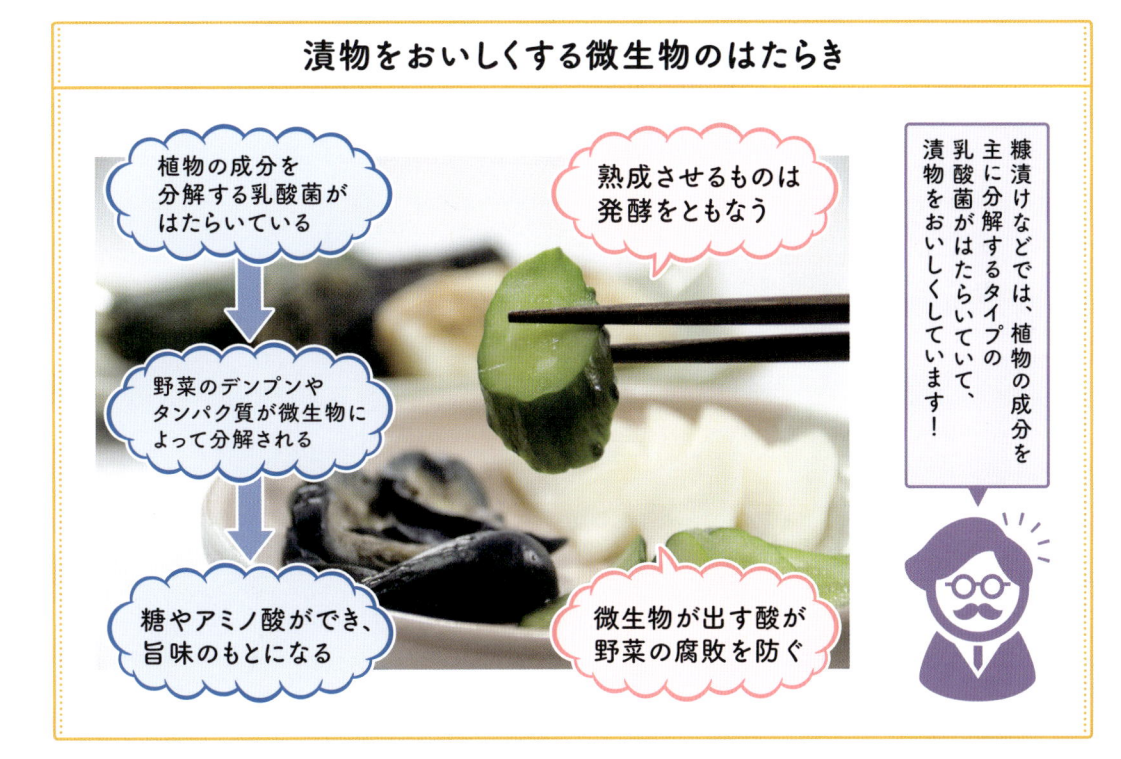

植物の成分を分解する乳酸菌がはたらいている

熟成させるものは発酵をともなう

野菜のデンプンやタンパク質が微生物によって分解される

糖やアミノ酸ができ、旨味のもとになる

微生物が出す酸が野菜の腐敗を防ぐ

糠漬けなどでは、植物の成分を主に分解するタイプの乳酸菌がはたらいていて、漬物をおいしくしています！

納豆の旨味と粘りはどこから生まれる？

納豆菌の胞子は、苛酷なストレスをかけてつくられる

　日本の伝統的な発酵食品である糸引き納豆（以下、納豆）は、大豆を煮て稲藁苞に入れて保存し、不安定な自然発酵でつくられていました。そのため、ある藁苞はうまくできたが、別な藁苞は失敗といったことがよく起こっていました。1884年に納豆から桿菌（円筒形の細菌）が分離され、納豆菌（バチルス・ナットー）と名づけられました。納豆菌は、土壌中にすんでいる枯草菌のなかまです。

　納豆の品質は、スターター（発酵を始めるために加える微生物）を使うことで安定してきました。スターターとして市販されている

のは、納豆菌の芽胞（胞子）を蒸留水に溶かして分散させたものです。

　納豆菌もそうですが、微生物は様々に変化する環境のなかで生き抜いています。微生物はそのために、危機的な環境のなかで自分の体を守ったり、劣悪な環境条件のもとでも生きのびるための遺伝子を持っています。芽胞をつくる遺伝子もその1つです。

　自分のまわりに栄養源がなくなると多くの細菌は死んでしまいますが、納豆菌は変身して芽胞をつくります。芽胞はスポアコートという強固な成分に包まれていて、熱や乾燥、放射線などの物理的刺激、様々な化学薬品に強い抵抗性を持っています。

　納豆菌をスターターにするには、栄養細胞

納豆菌はストレスに強い

納豆菌の特徴	1	自分のまわりに栄養源がなくなると多くの細菌は死んでしまうが、納豆菌は変身して芽胞（胞子）をつくる
	2	芽胞はスポアコートという強固な成分に包まれている
	3	そのため、熱や乾燥、放射線などの物理的刺激、様々な化学薬品に強い抵抗性を持っている

納豆菌をスターターにするには	1	ストレス（冷蔵、乾燥）をかけ、生き残るのに不都合な環境にする
	2	芽胞になった納豆菌は耐熱性を持っていて、100℃以上でも生き残ることができる
		蒸した大豆が85℃以上のときに納豆菌の芽胞をふりかければ、雑菌の混入が防げる
	3	芽胞になって休眠していた納豆菌は、蒸した大豆にかけるとたちまち発芽して栄養細胞になる
		増殖と分裂をくり返して、大豆を納豆に変えていく

納豆菌

ストレスに強いんだよ

納豆に欠かせない「旨味」と「粘り」

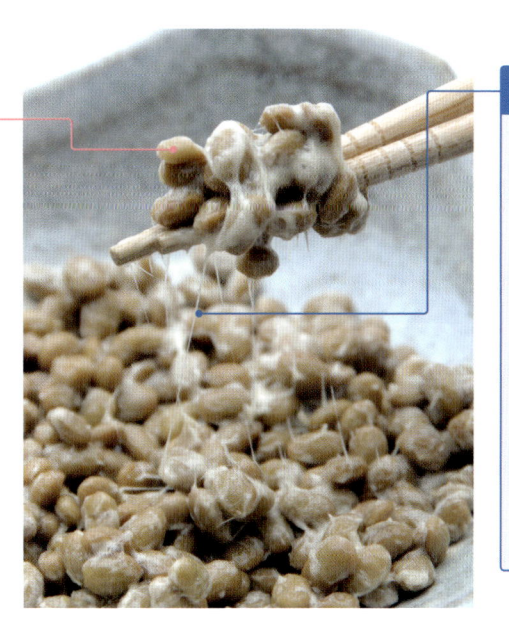

旨味成分

大豆にもともと含まれているものと、納豆菌の作用でできたものがある

プロテアーゼ活性が高い納豆菌を使うと、納豆に含まれるアミノ酸が増える

→ 旨味が増す

粘り（納豆の糸）

ポリグルタミン酸とフラクタンの2つの高分子化合物でできている

粘りが強いほど納豆の品質がよいといわれている

海外へ普及する際には納豆の糸が好まれない問題もあり、糸引きが少ない納豆菌も開発されている

（分裂をくり返している状態の細胞）にストレス（冷蔵、乾燥）をかけて、生き残るのに不都合な環境をつくります。芽胞になった納豆菌は耐熱性を持っていて、100℃以上でも生き残ることができるので、蒸した大豆が85℃以上のときに納豆菌の芽胞をふりかければ、雑菌の混入が防げます。

芽胞になって休眠していた納豆菌は、蒸した大豆にかけるとたちまち発芽して栄養細胞になり、増殖と分裂をくり返して大豆を納豆に変えていきます。

納豆の旨味と粘りはどうやってできるの？

納豆の品質には、旨味と粘り（納豆の糸）が大きく影響しています。旨味成分には、大豆にもともと含まれているものと、納豆菌の作用でできたものがあります。プロテアーゼ（タンパク質を分解する酵素）活性が高い納豆菌を使うと、納豆に含まれるアミノ酸が増えて、旨味が増すことが知られています。

納豆の糸は、ポリグルタミン酸（アミノ酸の一種のグルタミン酸が長く連なったもの）とフラクタン（多糖類）という、2つの高分子化合物でできています。粘りが強いほど納豆の品質がよいといわれています。

 微生物 Column

上空3000メートルをただよう納豆菌

能登半島の上空3000メートルをただよう納豆菌でつくった納豆が、飛行機の機内食でも提供されています。

これを発見したのは、中国大陸から日本に飛んでくる黄砂を研究しているグループで、太古の日本でも黄砂に運ばれた微生物が食品の発酵に利用され、発酵食品の歴史にかかわったかもしれないと述べています。

Lesson-1
Lesson-2
Lesson-3 「おいしい食品」をつくる微生物
Lesson-4
Lesson-5
Lesson-6

34 日本人が発見した「旨味」って何?

旨味物質と相乗効果

旨味物質1	旨味物質2	旨味物質3
グルタミン酸	イノシン酸	グアニル酸
昆布	カツオ節	干し椎茸

昆布のだし汁からグルタミン酸＝旨味が発見され、旨味は5つめの基本味に仲間入りしました！

旨味の相乗効果

グルタミン酸 ＋ イノシン酸 / グアニル酸 → 旨味が著しく強くなる！

第5の味である「旨味」は日本人によって発見された

20世紀の初め頃は、味には甘味・酸味・塩味・苦みの4つの基本味があると考えられていました。しかし、池田菊苗（化学者、旧東京帝国大学教授）は、別の基本味もあると考え、その味が昆布のだし汁で強く感じられることを突き止めました。1908年に昆布からこの味のもとになる成分のグルタミン酸を発見し、その独特の味を旨味と名づけました。旨味は5つめの基本味に仲間入りします。

グルタミン酸は1866年に小麦のグルテンから発見されていましたが、その味についてドイツの化学者であるフィッシャーは、「まずい」と表現していました。池田がグルタミン酸に「旨味」があることを発見できたのは、日本人が昆布を"だし"として使っていたこと、彼がだし文化発祥の京都出身であることと関係しているのかもしれません。

その5年後、小玉新太郎（旧東京帝大教授）がカツオ節から第二の旨味物質であるイノシン酸を発見しました[1]。さらに1957年には、國中明（ヤマサ醤油）が干し椎茸から第三の旨味物質であるグアニル酸を発見しました。グルタミン酸はアミノ酸ですが、イノシン酸とグアニル酸は核酸という違いがあります。

國中は1960年、グルタミン酸に少量のイノシン酸やグアニル酸を加えると、旨味が著しく強くなることを発見し、この現象を旨味の

※1：イノシン酸そのものには味がなく、アミノ酸の一種のヒスチジンと結合して、イノシン酸ヒスチジン塩になるとカツオ節の旨味になります。

相乗効果と名づけました。昆布だしにカツオ節または干し椎茸を加えた"あわせだし"は、単独のだしよりはるかに旨味が強いことが知られています。

微生物を利用した グルタミン酸の生産へ

グルタミン酸は旨味調味料として商品化※2されましたが、小麦などのタンパク質を塩酸で加水分解して得ていました。第二次大戦後の食料難の中で、貴重な食料を原料とすることへの批判と、少ないグルタミン酸でも料理を劇的においしくして栄養状態の改善につながるという期待があり、微生物を利用してグルタミン酸を生産する研究が始まりました。

そういった微生物を見つける巧妙なやり方と最新の分析技術によって、各地から採取されたサンプルのなかから、抜群に高いグルタミン酸生産性を持つ菌が見つかったのです。

上野動物園で、鳥の糞が混ざった土から得られたその菌はコリネバクテリウム・グルタミクムと名づけられました。こうして1956年、世界初のアミノ酸発酵が誕生しました。

ちなみに、イノシン酸とグアニル酸という核酸系の旨味物質を生産してくれる核酸発酵も、日本で誕生しました。

微生物 Column

旨味成分は 何のためにあるの？

体重が50kgの人の体内には、約1kgのグルタミン酸が含まれています。体重の2％だから、すごい量ですね。

私たちが成長したり、からだを維持していくためには、食物からタンパク質を得ることが不可欠です。旨味が感じられるということは、そこにタンパク質があるという目印になっていたのです。

世界初のアミノ酸発酵

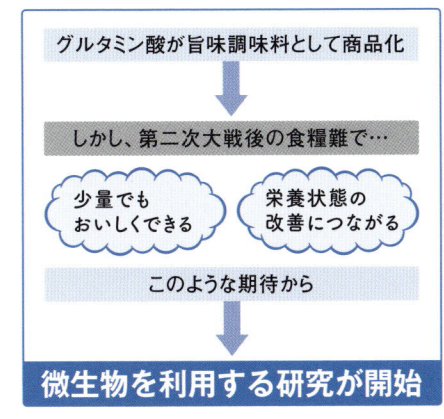

グルタミン酸が旨味調味料として商品化

しかし、第二次大戦後の食糧難で…

少量でもおいしくできる｜栄養状態の改善につながる

このような期待から

微生物を利用する研究が開始

そして

各地から約500のサンプルを採取

上野動物園の鳥の糞が混ざった土から…

グルタミン酸生産性が抜群に高い菌が見つかった！

コリネバクテリウム・グルタミクムと命名

世界初のアミノ酸発酵が誕生

旨味物質のイノシン酸、グアニル酸を生産してくれる核酸発酵も日本で誕生しました！

Lesson-1
Lesson-2
Lesson-3 「おいしい食品」をつくる微生物
Lesson-4
Lesson-5
Lesson-6

※2：1909年に商品化された「味の素」です。当初はグルタミン酸塩（グルタミン酸モノナトリウム、MSG）だけでしたが、戦後に「旨味の相乗効果」が見つかったのをふまえて、現在ではMSGと2.5％の5'-リボヌクレオチドナトリウム（イノシン酸とグアニル酸の混合物、5'-SRN）を含んでいます。5'-SRNを8％に高めて、少量で旨味を効かせることができる旨味調味料（ハイミー）もあります。

Lesson_3 35 おいしいキムチは 乳酸菌がつくっている？

活動が優勢になる菌は 気温によって変化する

　キムチは朝鮮半島の冬季間の野菜不足に備えた保存食です。

　漬け込む前の白菜は、水で洗いはするものの、いろいろな雑菌がついています。**キムチづくりで活躍するのが乳酸菌**です。乳酸菌が活動すると乳酸が生じて、漬け汁を酸性にします。すると、他の雑菌類が繁殖しにくくなって、白菜に含まれていた物質から様々なビタミンなどをつくり出すのです。

　キムチが寒い季節につくられるのも乳酸菌のはたらきに関係しています。しかし**気温が高くなると、酢酸菌が活動し出し、酢酸発酵**が行われます[※1]。キムチがだんだん酸っぱくなってくるのはこのためです。こうなってしまうと、乳酸菌が死んでしまい、味や栄養価が落ちてしまいます。

　キムチづくりには魚醤（ぎょしょう）や塩辛を使います。

　魚醤は、新鮮な魚に塩を加えて発酵させたものです。魚の内臓などに含まれている酵素によって、タンパク質が分解されて、旨味成分であるグルタミン酸などのアミノ酸が生成されます。

　この魚醤などの動物性タンパク質が、キムチ独特の奥深い味を生み出しているのです。レシピによってはアミ（小さな甲殻類）なども追加します。この**動物性タンパク質も発酵によって分解され、旨味成分に変化します。**

キムチは乳酸菌でつくられる

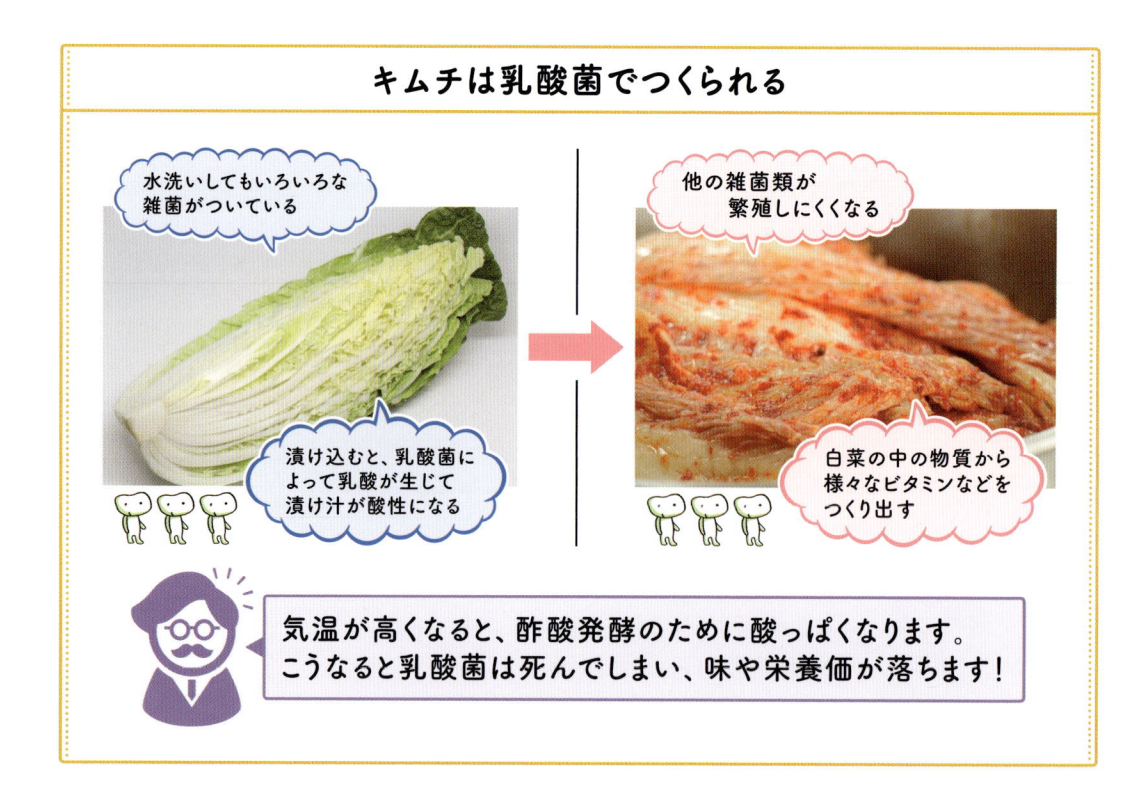

水洗いしてもいろいろな雑菌がついている

他の雑菌類が繁殖しにくくなる

漬け込むと、乳酸菌によって乳酸が生じて漬け汁が酸性になる

白菜の中の物質から様々なビタミンなどをつくり出す

気温が高くなると、酢酸発酵のために酸っぱくなります。こうなると乳酸菌は死んでしまい、味や栄養価が落ちます！

※1：気温が低いと乳酸菌が優勢になり、気温が上がると酢酸菌が優勢になります。

「分解者」としての

微生物

堆肥づくりに微生物はどう関係している?

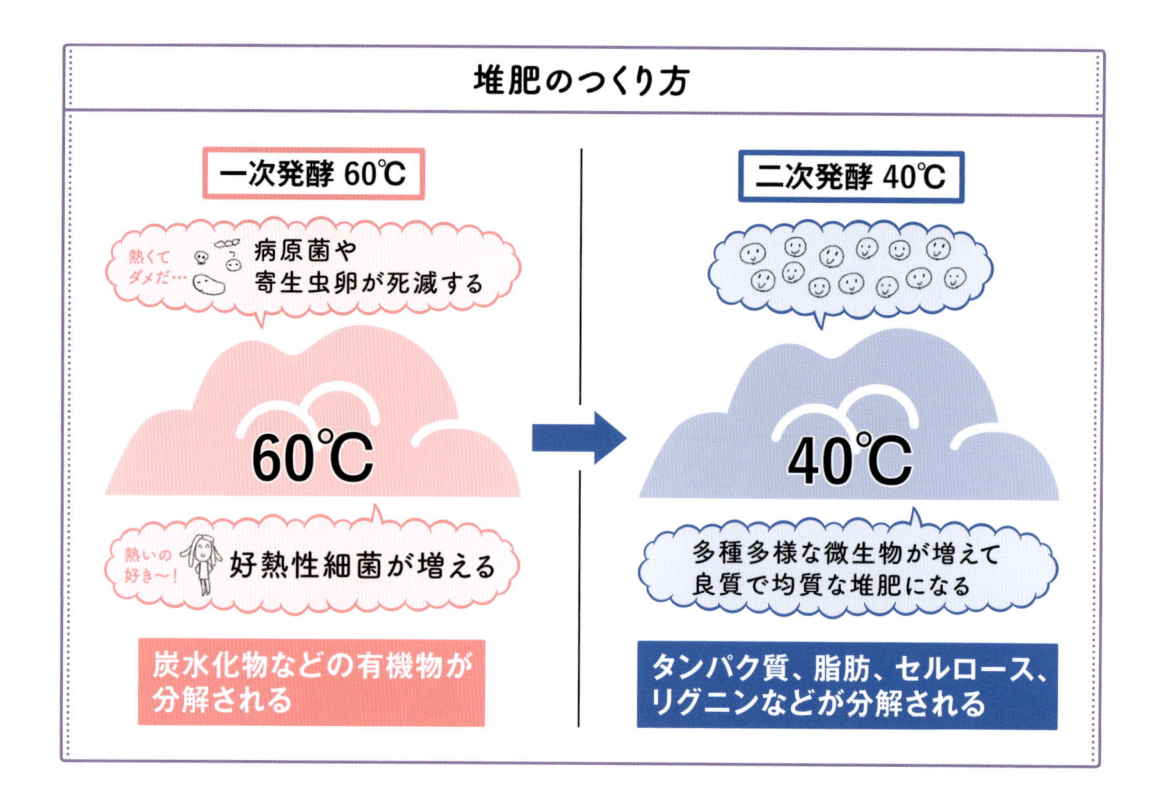

堆肥のつくり方

一次発酵 60℃

熱くてダメだ… 病原菌や寄生虫卵が死滅する

60℃

熱いの好き〜! 好熱性細菌が増える

炭水化物などの有機物が分解される

二次発酵 40℃

40℃

多種多様な微生物が増えて良質で均質な堆肥になる

タンパク質、脂肪、セルロース、リグニンなどが分解される

堆肥化のプロセスは大きく分けて二段階で進む

堆肥とは、家畜の糞や藁・もみ殻などの有機物を堆積し、微生物の力で発酵させてつくるものです。堆肥のもとになる有機物には、炭水化物、脂肪、タンパク質といった成分が含まれています。これらを微生物によって分解するのが堆肥化です。

堆肥化のプロセスは、大きく分けて二段階に分けられます。

第一段階では、炭水化物などの有機物が分解され、それがエネルギー源として利用され、微生物が急激に増殖します。これによって熱が発生し、50〜80℃に達します。微生物1個の発熱は微々たるものですが、莫大な数の微生物が熱を出すと結構な熱量になるのです。活躍する微生物は、主に高温状態で生息・増殖可能な好熱性細菌です。この細菌は60℃ほどで活発にはたらき、病原菌の多くや寄生虫卵、雑草の種などはこの温度で死滅します。

続いて第二段階では、第一段階では分解されず、分解に時間がかかる有機物（タンパク質、脂肪、セルロース、リグニンなど）が30〜40℃でゆっくりと分解されます。この第二段階は堆肥の熟成期間とも呼ばれ、硝酸菌、亜硝酸菌、セルロース分解菌、真菌、放散菌など、第一段階よりも多種多様な微生物が増殖しています。これらの微生物によって、より良質で均質な堆肥がつくられます。

下水処理に微生物はどう関係している?

微生物が集まった活性汚泥が酸素を使って有機物を分解

　トイレのし尿（うんちやおしっこ）は、下水道が普及している地域では、下水管に流されます。下水管は下水処理場につながっていて、集められた下水は、下水処理場で処理されてから川や湖や海に流されます。

　日本の下水処理場では、ほとんどが活性汚泥法という微生物を使った分解処理法をとっています[※1]。最初に、沈殿池で下水中の固形物を取り除き、次に下水を反応槽に導きます。ここには活性汚泥が活躍しています。活性汚泥は、細菌や原生動物などの微生物が集まったやわらかいかたまりです。肉眼では泥にし

か見えないのですが、顕微鏡で見ると小さな生き物がたくさんいます。これらの活性汚泥の細菌は、酸素があると活発に呼吸をする好気性菌です。そのため、空気を送り込んでやると酸素を使って有機物を分解してくれます。微生物は有機物と酸素から生活するためのエネルギーを取り出し、二酸化炭素と水にしているのです。

　そこで処理した水は最終沈殿池に送り、上澄みを殺菌して川や海に放流しています。

　下水道が普及していない地域では定期的にバキュームカーでくみ取りに来ます。くみ取られたし尿は、し尿処理場に運ばれて処理されます。し尿処理場の処理のしくみは、基本的に下水処理場と同じです[※2]。

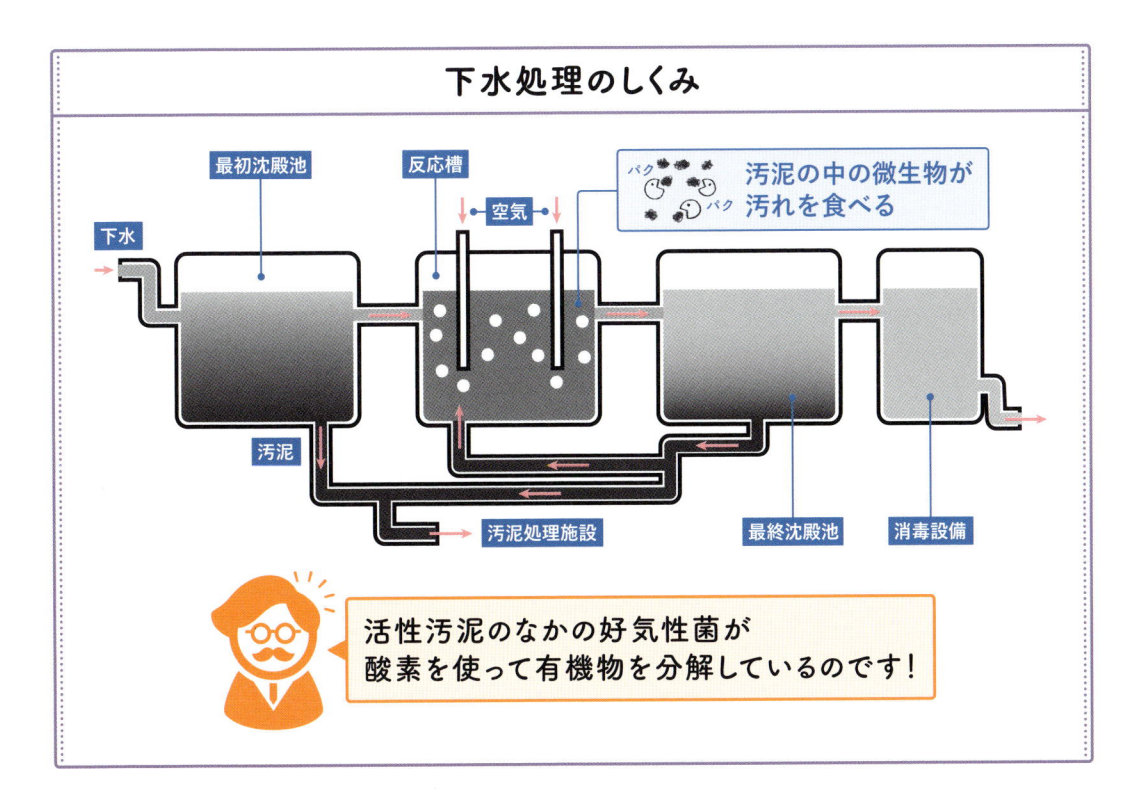

下水処理のしくみ

最初沈殿池　反応槽　空気　下水　汚泥　汚泥処理施設　最終沈殿池　消毒設備

汚泥の中の微生物が汚れを食べる

活性汚泥のなかの好気性菌が酸素を使って有機物を分解しているのです!

Lesson.1　Lesson.2　Lesson.3　Lesson.4「分解者」としての微生物　Lesson.5　Lesson.6

※1：「汚泥」は下水処理場の処理過程などで生じた泥のことで、有機質の最終生成物が凝集してできた固体です。
※2：下水道が普及していなくて「くみ取りではない」地域では、浄化槽で処理しています。浄化槽の処理のしくみも、基本的に下水処理場と同じです。

水道水をつくるのに微生物はどう関係している？

Lesson_4
38

微生物のはたらきで水をおいしくする高度浄水処理

水道水は、水源の種類や水量、水質にあわせて様々な処理が行われています。

もっとも広く使用されている浄水処理は急速ろ過で、薬剤を使って濁りを凝集・沈殿させ、その上澄みを砂や砂利の層で急速（1日に120〜150メートル）にろ過するものです。この方法だと大量に水を処理できますが、水中に溶け込んでいる物質の除去は難しく、水道の水がまずい、カビ臭いなどといわれる原因となってきました。

そうしたなか、最近では高度浄水処理という方法で、水がまずい、カルキ臭いといった問題が解決されてきました。まず、通常の急速ろ過を行う前の水にオゾンを注入します。オゾンは酸素原子が3つ結びついた酸素の同素体です。強い腐食性を持つ有毒物質で、その強力な酸化力が脱臭や除菌に利用されています。オゾンによって有機物質が分解され、分解された物質が水中に残ります。次にこの水を、生物活性炭吸着池と呼ばれる施設に流します。ここでは活性炭の粒に微生物がすんでいて、活性炭そのものの吸着作用と微生物のはたらきで、オゾンが分解した有機物やアンモニアを取り除きます。

高度浄水処理を行った水はトリハロメタンやカビ臭をおさえられます。溶解している物質が少ないのでカルキ臭もおさえられます[1]。

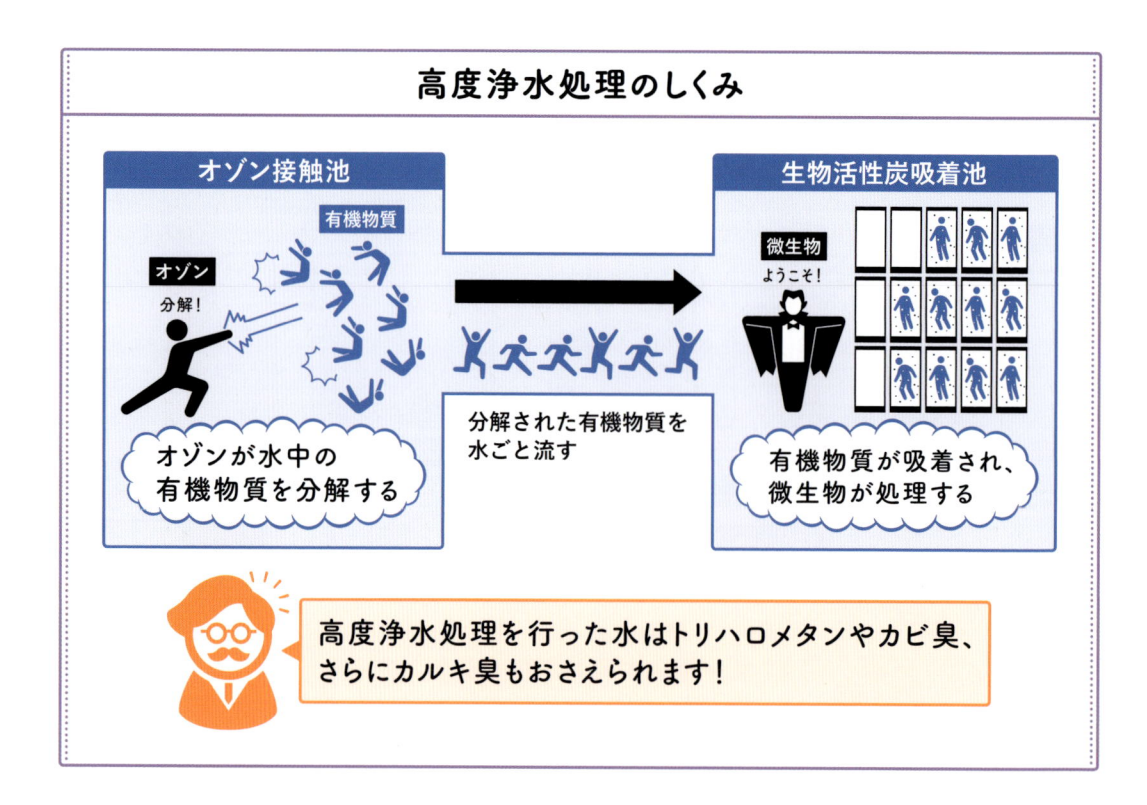

高度浄水処理のしくみ

オゾン接触池 | 有機物質 | オゾン 分解！

オゾンが水中の有機物質を分解する

分解された有機物質を水ごと流す

生物活性炭吸着池 | 微生物 ようこそ！

有機物質が吸着され、微生物が処理する

高度浄水処理を行った水はトリハロメタンやカビ臭、さらにカルキ臭もおさえられます！

※1：カルキ臭は塩素そのものの臭いではなく、水中に溶けているアンモニアなどの成分が塩素と結びつくことで生じるにおいです。

39 遺伝子組換えに 微生物はどう関係している？

トマトの品種改良の比較

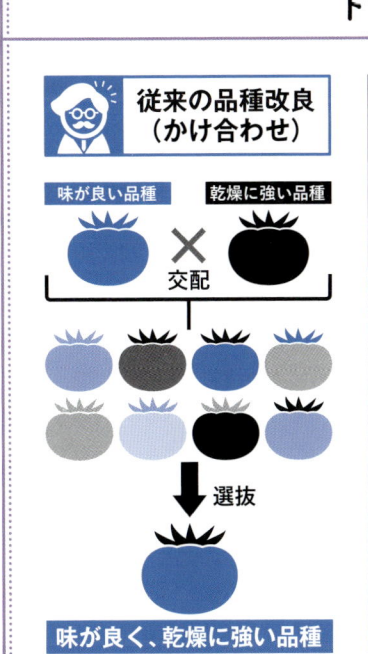

従来の品種改良（かけ合わせ）

味が良い品種 × 乾燥に強い品種

交配

選抜

味が良く、乾燥に強い品種

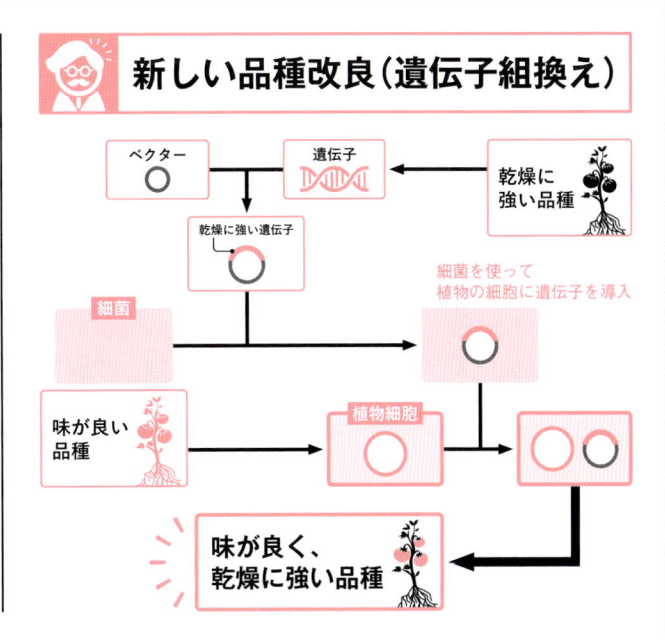

新しい品種改良（遺伝子組換え）

ベクター　遺伝子　乾燥に強い品種

乾燥に強い遺伝子

細菌を使って植物の細胞に遺伝子を導入

細菌

味が良い品種　植物細胞

味が良く、乾燥に強い品種

遺伝子を発現するしくみは どの生き物も基本的に同じ

遺伝子組換え技術をつかうと、ヒトのホルモンを大腸菌につくらせることもできます。遺伝子を発現するしくみは、大腸菌（微生物）やヒト（動物）といった生き物の違いを超えて、基本的に同じだからです[1]。

植物の品種改良は、「かけ合わせ」によって行われてきました。「①味が良いトマト」と「②乾燥に強いトマト」をかけ合わせて「③味が良くて乾燥に強いトマト」をつくろうとすると、③だけでなく「味が悪くて乾燥に弱いトマト」など様々な雑種ができます。③の選抜には、困難な作業と長い時間が必要です。

遺伝子組換えで品種改良を行うには、まず有用な形質（たとえば「乾燥に強い」）を担っている遺伝子を、トマトの細胞から制限酵素という「はさみ」で切り出します。この遺伝子をベクターというDNAの「運び屋」に、リガーゼという「のり」でつなげます。ベクターには抗生物質の遺伝子も連結してあります。「乾燥に強い」遺伝子をつなげたベクターは、植物に感染する細菌（アグロバクテリウム）に入れた後、「味が良い」トマトの細胞に導入されます。目的の遺伝子が導入されたかどうかは、抗生物質への耐性でわかります。選抜した細胞を組織培養して、「味が良くて乾燥にも強い」という性質を持った新しい品種ができるのです。

※1：このことについてモノー（フランスの生物学者）は、「大腸菌でそうであることは象でもそうである」という有名なことばを残しました。

細菌による感染症に効果がある抗生物質って何？

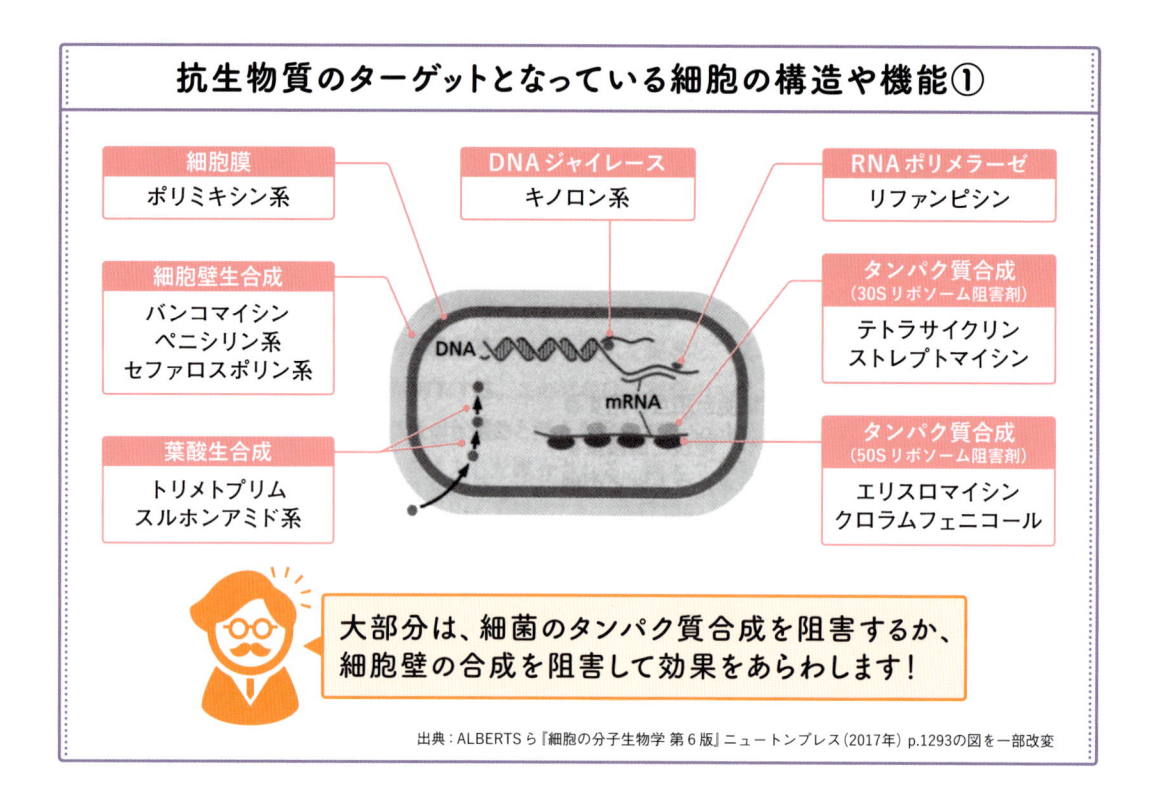

抗生物質のターゲットとなっている細胞の構造や機能①

| 細胞膜 |
| ポリミキシン系 |

| DNA ジャイレース |
| キノロン系 |

| RNA ポリメラーゼ |
| リファンピシン |

| 細胞壁生合成 |
| バンコマイシン ペニシリン系 セファロスポリン系 |

| タンパク質合成 (30S リボソーム阻害剤) |
| テトラサイクリン ストレプトマイシン |

| 葉酸生合成 |
| トリメトプリム スルホンアミド系 |

| タンパク質合成 (50S リボソーム阻害剤) |
| エリスロマイシン クロラムフェニコール |

DNA
mRNA

大部分は、細菌のタンパク質合成を阻害するか、細胞壁の合成を阻害して効果をあらわします！

出典：ALBERTS ら『細胞の分子生物学 第6版』ニュートンプレス（2017年）p.1293の図を一部改変

抗生物質は細菌が細胞壁をつくるのを阻害する

　人類は長い間、細菌の感染で起こる病気（細菌感染症）に苦しめられてきました。感染症になすすべのなかった人間は、治療する薬を手にすることによって、感染症とたたかうことが可能になっていきました。その中でもっとも大きな成果をあげたのが抗生物質です。

　抗生物質を最初に発見したのは、イギリスの医師・フレミングです。1928年9月、夏の休暇から戻ったフレミングは、細菌をまいたままにしていたシャーレで、青カビが生えたところの周りには細菌が生えていないのを目撃しました。この現象に興味を持ったフレミ

ングは、青カビから抗生物質を取り出すことに成功しました。それがペニシリンです。

　ペニシリンやそのなかまの抗生物質は、細菌が細胞壁をつくる（「細胞壁の生合成」といいます）のを阻害して、細胞が増殖するのをおさえ込みます。ところが、この細胞壁は私たち動物の細胞にはありませんから、ペニシリンは私たちには作用しないのです。細菌に対してはたらくけれども動物には作用しないことを「選択性」といい、選択性が高いほど使いやすい薬だといえます。

　上の図は、抗生物質が細菌の細胞のどこをターゲットにしているかを示しています。病院で使われている抗生物質の大半は、これらの分類のいずれかに属しています。大部分は、

細菌のタンパク質合成を阻害するか、細胞壁の合成を阻害して効果をあらわします。

抗生物質の乱用がもたらしたやっかいな耐性菌の問題

様々な抗生物質が開発されていく中で、感染症は克服できるようになるのではと考えられた時期もありました。ところが、抗生物質が効かない菌が次々と出てきました。そのような菌を耐性菌といい、抗生物質をめぐる最大の問題になっています。

細菌はたえず進化しているため、新しい抗生物質が開発されても数年以内に耐性菌が出てきます。細菌は下の図のように、Ⓑ抗生物質のターゲットになる分子を変化させる、Ⓒ抗生物質を壊したり構造を変化させる、Ⓓ抗生物質が細胞に入ってきても外にくみ出してターゲットに届かなくする、といったやり方で抗生物質が効かなくしてしまうのです。

細菌がいったん抗生物質への耐性を持ってしまうと、耐性のもととなる遺伝子は別の細菌にも広がっていきます。ウイルス感染で起こる風邪やインフルエンザに抗生物質が処方されたり、家畜の発育や健康のためという理由で抗生物質が乱用されたりして、耐性菌の問題が深刻になっていきました[1]。

微生物 Column

戦場で多くの人を救ったペニシリンの功績

ペニシリンは、戦場で負った傷が原因で何万人もの人が死ぬのを防ぐことができたといわれています。フレミングとは別の研究者によって大量生産が可能になり、1944年のノルマンディー上陸作戦までには広く使われるようになっていました。

なお、フレミングは1945年にノーベル医学生理学賞を受賞しています。

抗生物質のターゲットとなっている細胞の構造や機能②

Ⓐ抗生物質が野生型の細菌を殺す

抗生物質　必須酵素

Ⓑ 抗生物質のターゲットになる分子を変化させる

必須酵素が変化

Ⓒ 抗生物質を壊したり構造を変化させる

抗生物質を分解する酵素

Ⓓ 細胞の外にくみ出してターゲットに届かなくする

排出ポンプ

Ⓑ～Ⓓ：抗生物質耐性菌

細菌はたえず進化して、新しい抗生物質が開発されたとしても耐性菌が出てくるのです！

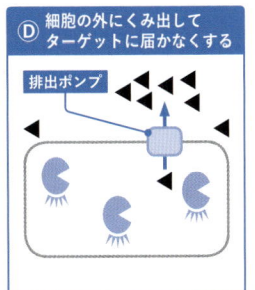

出典：ALBERTSら『細胞の分子生物学 第6版』ニュートンプレス（2017年）p.1293の図を一部改変

※1：バンコマイシンという抗生物質は、院内感染の最後の手段といわれていますが、これが効かない耐性菌も生まれています。その原因は、牛の飼育に使われた類似の抗生物質だと考えられています。

微生物が分解できる
プラスチックって何?

二酸化炭素と水に分解される生分解性プラスチック

プラスチックは、軽い、さびない、腐らない、自由な形に成形できる、外力に対して丈夫、経年変化も少ない、しかも安価である、という特徴を持っています。しかし、木材なら微生物で分解されるのに、プラスチックは細かくはなってもその多くは腐らないので（つまり微生物によって分解されない）、自然界にいつまでも存在することになります。そして、プラスチックのゴミが海に流れ込み、海洋生物に大打撃を与えています。

近年こうした背景から、「生分解性プラスチック」の研究開発が盛んに行われています[1]。

その代表が、ポリ乳酸を使ったものです。ポリ乳酸の原料は、家畜飼料用のトウモロコシなどから得られたデンプンです。デンプンを酵素でブドウ糖に分解し、それを乳酸菌で発酵させて乳酸をつくり、その乳酸をたくさんつなげるとポリ乳酸になります。ちなみに、A4サイズのポリ乳酸シートはトウモロコシ10粒からつくることができます。ゴミ袋や農業資材などの生分解性が必要になる用途から、携帯電話やパソコンの筐体（本体の部品を収納する外箱）といった耐久性を必要とする用途まで、様々な製品が販売されています。

なお、生分解性プラスチックは、微生物のはたらきで、最終的に二酸化炭素と水に分解されます。

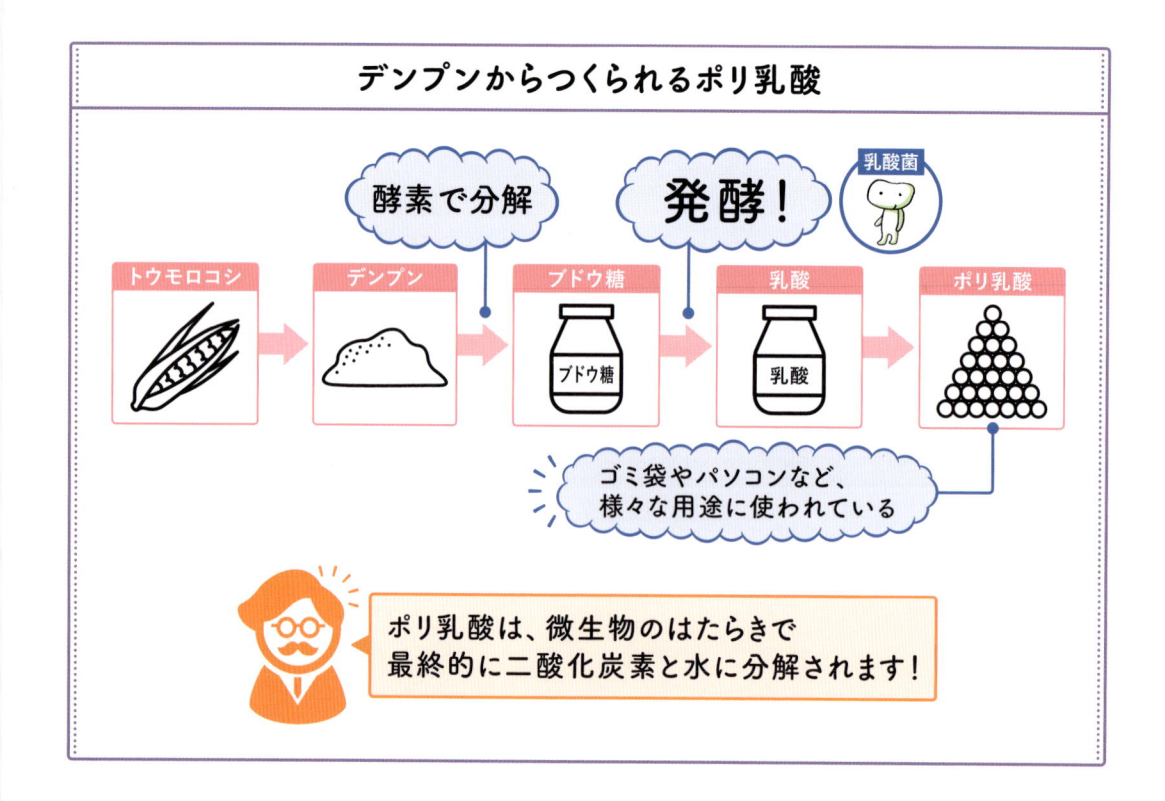

デンプンからつくられるポリ乳酸

酵素で分解　　発酵！　　乳酸菌

トウモロコシ → デンプン → ブドウ糖 → 乳酸 → ポリ乳酸

ゴミ袋やパソコンなど、様々な用途に使われている

ポリ乳酸は、微生物のはたらきで最終的に二酸化炭素と水に分解されます！

※1：物質が微生物によって分解される性質のことを「生分解性」といいます。

「食中毒」を起こす 微生物

そもそも「食中毒」って何？

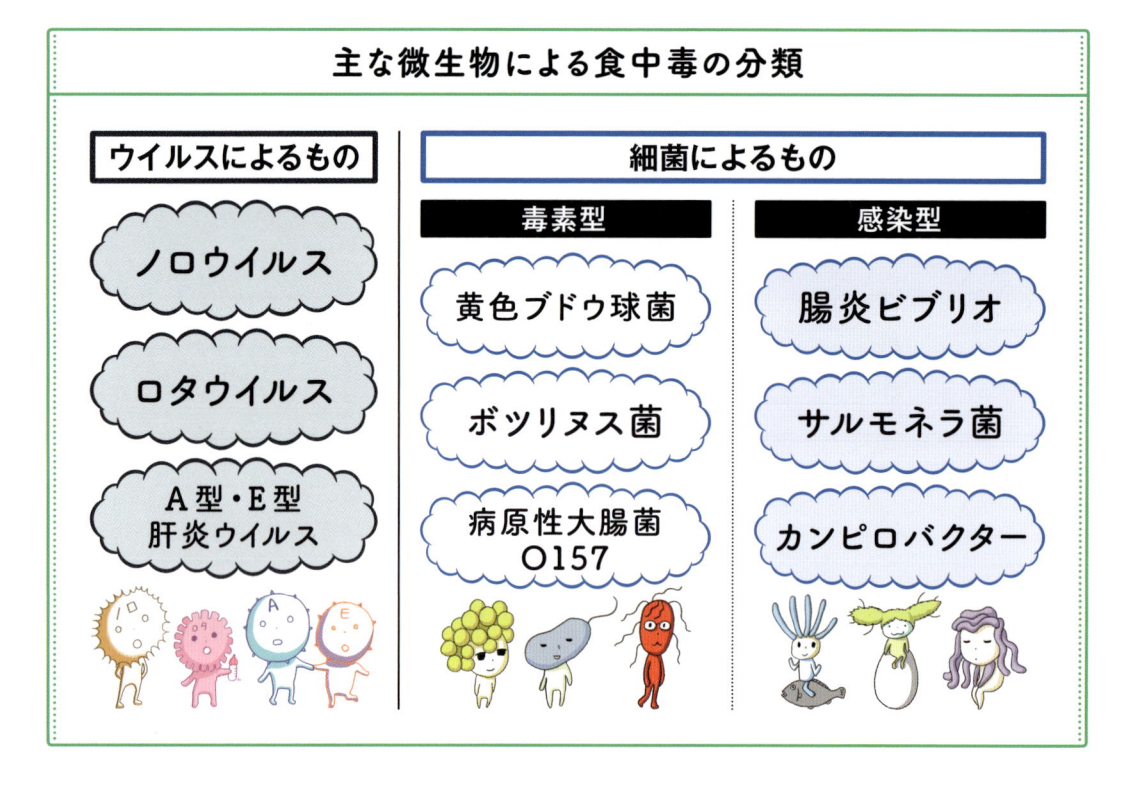

主な微生物による食中毒の分類

ウイルスによるもの	細菌によるもの	
	毒素型	感染型
ノロウイルス	黄色ブドウ球菌	腸炎ビブリオ
ロタウイルス	ボツリヌス菌	サルモネラ菌
A型・E型肝炎ウイルス	病原性大腸菌 O157	カンピロバクター

細菌やウイルスが引き起こす食べ物が原因の胃腸炎

食中毒は「食あたり」を医学用語で表したもので、食べ物による胃腸炎が中心です。

原因は、細菌やウイルスの感染、細菌がつくった毒素、自然毒や化学物質などで、もっとも影響があるのが微生物によるものです。

食中毒の発生は、安全に製造された食品を食卓まで低温を保って運べるようになってから大幅に減少しました。しかし、家庭での調理や釣った魚の管理など、プロの手が及ばないところではいまだに発生が見られます。

食中毒の原因となる微生物は上の図のように様々なものがあり、症状や発症までの期間は原因によって異なります。

食中毒予防の基本は、原因となる細菌やウイルスなどを「付けない／増やさない／殺す」の3つで、「しっかり手洗い／しっかり加熱」が原則です。食品の購入・保存・下準備・調理・食事・残った食品—のそれぞれの段階でこの予防を徹底すれば、食中毒を防ぐことができます。

「食中毒になったかも」と思ったら、まずは水分補給で脱水症状を防ぎます。

そして、「下痢の回数が多い」「血便が出る」「症状が重い」といった場合は、病院に行きましょう。食中毒の原因を特定し、点滴による脱水症状の予防、抗生物質の投与などの治療が行われます。

おにぎりは素手で握ると危険？
《黄色ブドウ球菌》

ラップでおにぎりを握るのは食中毒を減らす有効な手段

　私たちの皮フや腸内には乳酸菌、酢酸菌、大腸菌、ブドウ球菌などの多くの細菌類がすんでおり、これらを常在菌と呼んでいます。**皮フや鼻腔にすむ常在菌である黄色ブドウ球菌は、傷に化膿巣をつくるほか、抵抗力の弱った人に敗血症を引き起こすなど、様々な病原性を持っています。**

　食品についた黄色ブドウ球菌が増殖すると、エンテロトキシンというタンパク質の毒素をつくります。通常、タンパク質は加熱や胃酸で変性をうけたり、消化酵素によって分解されたりします。しかし、エンテロトキシンは酸にも熱にも強く、消化酵素にも抵抗性があります。そのため、エンテロトキシンに汚染された食べ物は加熱しても食中毒を引き起こしてしまいます。具体的には30分から6時間（平均3時間）で吐き気、嘔吐、下痢、腹痛などの症状を引き起こします。

　実は1980年代まで、食中毒の3分の1近くが黄色ブドウ球菌によるもので、その最大の原因となっていた食品がおにぎりでした。**おにぎりを握るときにラップを利用したり、加工食品などの調理時に手袋を着用することは、黄色ブドウ球菌による食中毒を減らす有効な手段**になっています。黄色ブドウ球菌を原因とする食中毒は、現在では全食中毒の5％に満たないまでに抑制されています。

Lesson_1
Lesson_2
Lesson_3
Lesson_4
Lesson_5 「食中毒」を起こす微生物
Lesson_6

おにぎりについた黄色ブドウ球菌が食中毒を起こす

- 黄色ブドウ球菌のついた手でご飯を触る
- おにぎりを握っているうちに菌がついてしまう
- 菌が増殖するときにエンテロトキシンができる
- 食べると食中毒を起こす

おにぎりを握るときはラップを利用したり、手袋を着用しましょう！

自然界にある最強の毒素？
Lesson_5 44 《ボツリヌス菌》

しっかり熱を通すことで食中毒を防止する

ボツリヌス菌は土や海、湖、川などの泥の中に多くすんでいる偏性嫌気性の細菌で、酸素がある場所では生きていけません。産出するボツリヌス毒素は、自然界の毒素の中でも最強で、フグの毒の1000倍以上強いといわれています。ボツリヌス、という言葉はラテン語の「腸詰め」（ボツルス）に由来しており、欧米ではソーセージやハムが食中毒の原因となっていました。

ボツリヌス菌や、ボツリヌス菌が休眠状態になった芽胞と呼ばれるものは、120度で4分以上加熱すれば死滅するため、缶詰、瓶詰、レトルト食品などは安全です※1。

一方、近年見られるようになったのが、密閉食品によるボツリヌス菌食中毒です。加熱が不十分な自家製の食品や瓶詰、そして、常温保存が可能なレトルト食品ではない、真空包装された包装食品は危険です。

スーパーなどで売られている要冷蔵の真空包装食品はレトルト食品と勘違いしやすく、国内でも常温保存したために食中毒となった例があります。食品の中でボツリヌス菌が増えるととても臭いにおいがして、ガスが出てきます。

ボツリヌス毒素は強力ですが、100度で10分以上加熱すれば分解されます。しっかり熱を通して食べることが食中毒を防止します。

レトルト食品でない真空包装食品は要注意

ボツリヌス菌に対して **安心できる食品**
缶詰や瓶詰
レトルト食品
加熱殺菌されているため、ボツリヌス菌は死滅している

ボツリヌス菌に対して **危ない食品**
要冷蔵の真空包装食品
誤って常温保存してしまうとボツリヌス菌が増殖する恐れが！

※1：万が一、容器がふくらんでいる場合はボツリヌス菌が増殖している可能性がありますから、食べずに廃棄しましょう。

なぜ魚介類の生食は海外で好まれない？《腸炎ビブリオ》

二次汚染を防ぐために

魚用と野菜用など、まな板を使い分ける

魚の調理用

野菜の調理用

調理に使った器具はしっかり洗う

スポンジや台なども菌が繁殖しないように注意する

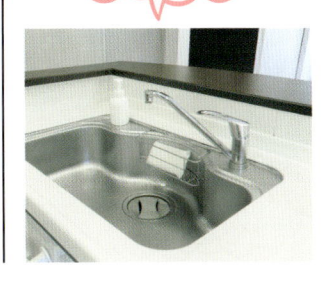

魚介類を調理する過程で、手やまな板、包丁などの調理器具にも腸炎ビブリオは付着してしまいます！

調理器具をよく洗い、二次汚染を防ぐ

腸炎ビブリオはコレラ菌と同じビブリオ属の細菌で、海水や海の泥の中に生息しています。増殖速度が非常に速く、感染すると8時間から1日程度ではげしい腹痛や下痢を引き起こし、発熱の症状が見られることもあります。一方で熱に弱く、真水や低温などの環境では増殖できません。

海水中の腸炎ビブリオは数が少ないので、少量の海水を飲み込んでも問題はありませんが、暖かい時期に海でとれた魚介類には一般的に腸炎ビブリオが付着しており、冷蔵していないと急速に増殖し、食中毒を引き起こします。多くの国で海産の魚介類を生食しないのは、このためだといわれています。生魚は、短時間でも冷蔵庫や氷で冷やしたクーラーボックスなどに保管するようにしましょう。

腸炎ビブリオによる食中毒で気をつけたいのは二次汚染です。調理する過程で手や、まな板、包丁などの調理器具にも腸炎ビブリオは付着します。これらを介してほかの食品が汚染されることがあり、とくに塩分のあるものが汚染された場合、そこで増殖して食中毒の原因となることがあります。過去には魚を調理したまな板をよく洗わずにきゅうりを切って浅漬けにしたために、腸炎ビブリオ食中毒を引き起こしたという例もあります。調理器具はよく洗い、二次汚染を防ぎましょう。

なぜ日本人は生卵を食べられるの？《サルモネラ菌》

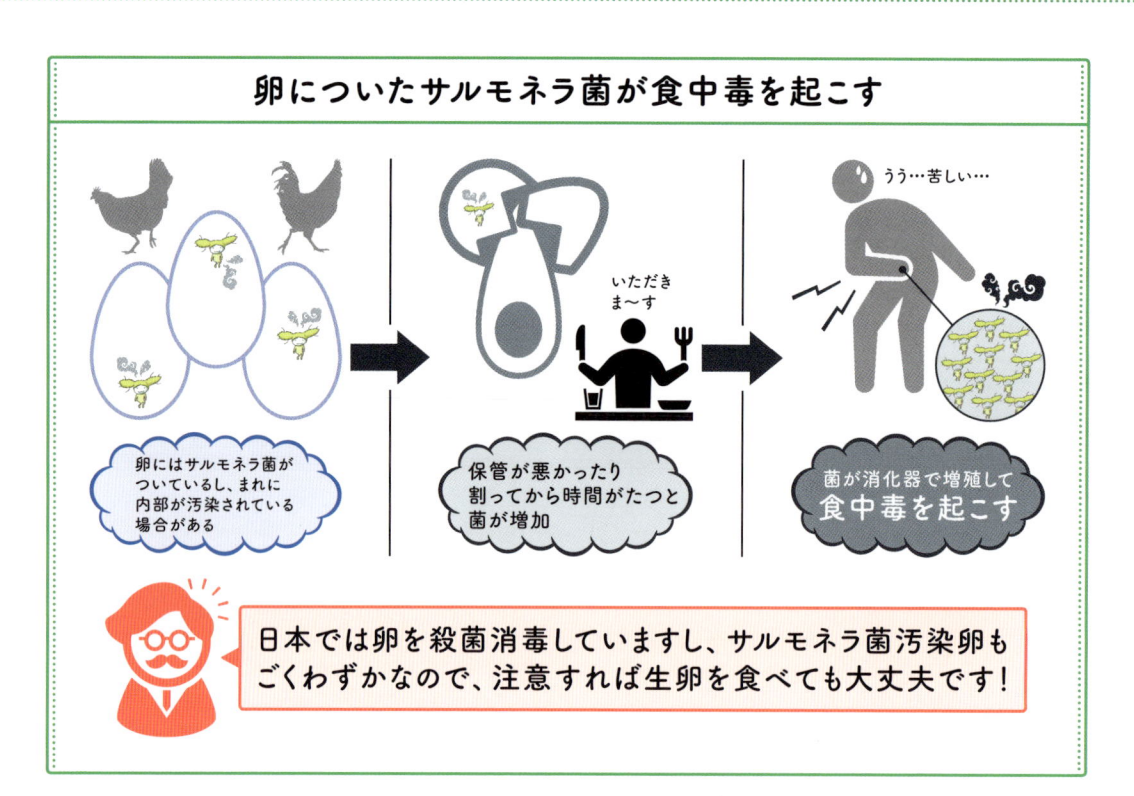

卵についたサルモネラ菌が食中毒を起こす

卵にはサルモネラ菌がついているし、まれに内部が汚染されている場合がある

いただきま〜す

保管が悪かったり割ってから時間がたつと菌が増加

うう…苦しい…

菌が消化器で増殖して**食中毒を起こす**

日本では卵を殺菌消毒していますし、サルモネラ菌汚染卵もごくわずかなので、注意すれば生卵を食べても大丈夫です！

日本では出荷前に卵を殺菌消毒している

サルモネラ菌はニワトリ、ウシ、ブタなどの家畜の腸管に広く生息する菌です。ヒトに感染すると激しい下痢症状を起こします（一部には無症状で長期間保菌する人もいます）。毒素による食中毒ではなく、サルモネラ菌が口に入り消化器で増殖することで発症します。

サルモネラ菌は乾燥には強いですが熱には弱く、70℃で1分の加熱で死にます。日本では、卵とその加工品、肉（とくに内臓）の生食や二次汚染が原因で食中毒を起こすケースが多く報告されています。それ以外にも、うなぎやスッポン（とくに生き血や内臓の生食）

が原因となったケースもあります。

欧米では生卵はサルモネラ菌に汚染された危険なもの、という感覚があります。もしそうであれば、なぜ私たち日本人は生卵を日常的に食べて問題ないのでしょうか。

生卵がサルモネラ菌に汚染されるルートには、①卵が腸管を通って産み落とされるときに腸管内の菌に汚染される、②サルモネラ菌を保菌しているニワトリの卵巣や卵管にいる菌を取り込んだ卵を産む、の2通りがあります。日本では、出荷前に消毒液（次亜塩素酸など）を含む温水や紫外線などを使って殺菌消毒しています。海外ではこの消毒が行われていません。それに対して②は洗浄・殺菌しても取り除けません。しかし、ニワトリがサ

ルモネラ菌に感染しないようにと工夫・努力しており、汚染の確率は0.0029％程度と推定されています。つまり、生卵を食べることは100％安全とはいえないものの、賞味期限内で、正しく温度管理して保管した生卵を割ってすぐに食べればほとんど問題ないのです。

卵の賞味期限はおおよそ産卵から2週間前後に設定されていますが、これは生食の「賞味期限」で、生鮮食品でよく見る「消費期限」ではありません。ですから、賞味期限をすぎた卵であっても腐敗していなければ、加熱調理すれば食べることができます。ただし、卵は割ったらすぐ調理しましょう。

ペットもサルモネラ菌を保菌していることがある

家畜だけでなく、ペットもサルモネラ菌を保菌していることがあります。保菌している動物は犬や猫、鳥だけでなく、カメなどの爬

虫類も含まれますし、アメリカではペットのハリネズミによるサルモネラ菌感染症も報告されています。これらの動物は、サルモネラ菌に感染していてもほとんどが無症状ですから、ペットに触ったあとなどはよく手を洗う必要があります。とくに抵抗力の弱い子どもや赤ちゃん、高齢者には注意が必要です。

微生物 Column

サルモネラ菌はチフス菌と同属のなかま

ゴキブリやネズミが嫌われるのは、サルモネラ菌やチフス菌などの病原菌を媒介するためで、海外ではネズミの糞によるチフスの発生もしばしば見られます。

実はサルモネラ菌と、チフス菌やパラチフス菌は同属のなかまです。ただし、チフスやパラチフスは激しい全身症状を起こすため、法定伝染病として区別されています。

Lesson_1
Lesson_2
Lesson_3
Lesson_4
Lesson_5 「食中毒」を起こす微生物
Lesson_6

身のまわりのサルモネラ菌に注意する

卵の安全度

殺菌消毒された
新鮮な卵は安全

賞味期限後も
加熱調理すればOK

ヒビがあり、時間が
たったものは廃棄する

消毒していない卵は
必ず加熱すること

ペットにも注意

猫　鳥　犬

爬虫類　ハリネズミ

菌を保菌していることがある。
触ったあとはよく手を洗うこと

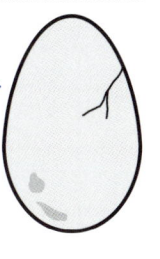

なぜ鶏肉はよく火を通す必要がある？《カンピロバクター》

皮つきのまま売られる鶏肉は要注意

カンピロバクターは、ウシやブタ、ニワトリ、そしてペットの消化管に広く分布する細菌です。これらの家畜などに胃腸炎を起こすこともありますが、無症状で感染していることもあり、そうした家畜の排せつ物に汚染された食品や水をとることで人に感染します。

肉類すべてが感染源になりそうなものですが、鶏肉からよく感染します。これは豚肉や牛肉はスライスされたものが販売されているのに対し、鶏肉は皮つきのまま売られているからです。この皮の部分（羽の毛穴の部分）にカンピロバクターが残っていることがあり、

生食や加熱が不十分な場合にヒトに感染すると考えられています。生食以外にも、肉の処理段階でまな板や包丁、手などを介して感染することもあるため、肉を扱う調理用具はよく洗い、消毒、乾燥する必要があります。

潜伏期は1～7日で、潜伏期間が長いのが特徴です。症状としては下痢、腹痛、発熱、倦怠感などがあり、うんちは腐敗臭のある水様便で、しばしば血液が混じります。他の感染型細菌性食中毒とよく似ています。

多くは特別な治療をしなくても1週間ほどで治癒します。死亡例や重篤例はまれですが、乳幼児・高齢者、その他抵抗力の弱い人では重症化する危険性もあるので、医療機関にかかりましょう。

カンピロバクターは鶏肉からの感染が多い

肉は加熱処理をして、調理用具はよく洗って消毒することが大切です！

豚肉や牛肉の場合

スライスされて販売されているので感染は少ない

鶏肉の場合

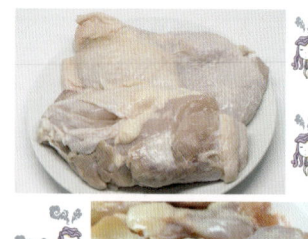

皮つきの場合、皮部分に菌が残っていることがある

感染ルートはよくわかっていない？《病原性大腸菌》

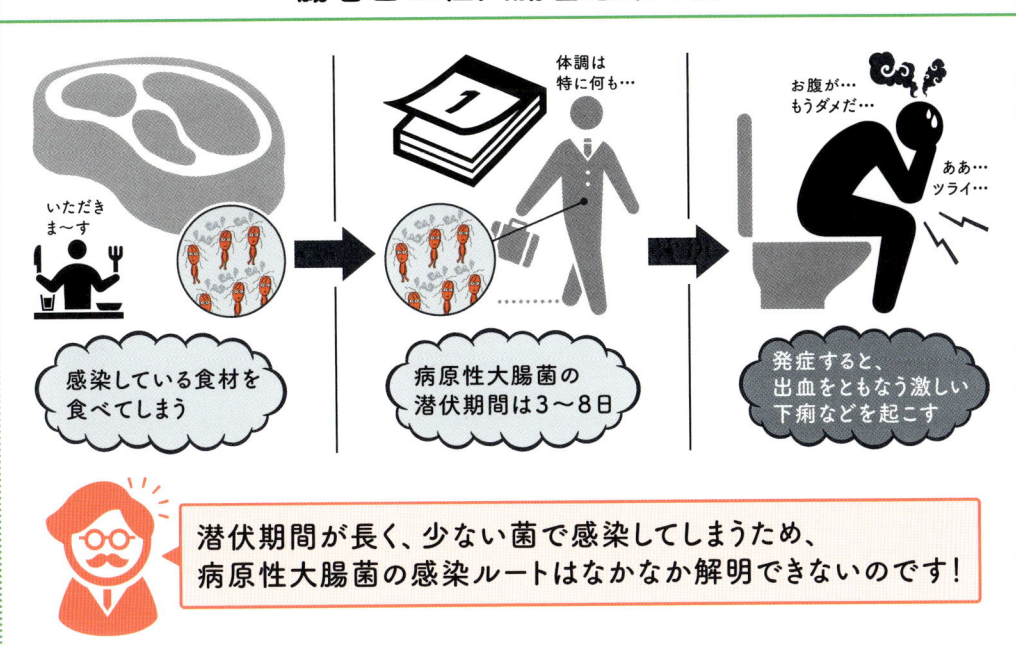

腸管出血性大腸菌感染の例

いただきま～す
体調は特に何も…
お腹が…もうダメだ…
ああ…ツライ…

感染している食材を食べてしまう

病原性大腸菌の潜伏期間は3〜8日

発症すると、出血をともなう激しい下痢などを起こす

潜伏期間が長く、少ない菌で感染してしまうため、病原性大腸菌の感染ルートはなかなか解明できないのです！

Lesson-1
Lesson-2
Lesson-3
Lesson-4
Lesson-5 「食中毒」を起こす微生物
Lesson-6

わずか100個程度の細菌摂取で感染する

大腸菌は私たちの大腸にもすんでいる常在菌です。その多くは無害ですが、下痢などを引き起こすものもあることがわかってきました[1]。細かくは腸管病原性大腸菌、腸管侵入性大腸菌、毒素原生大腸菌、腸管凝集性大腸菌、腸管出血性大腸菌の5種類に分かれ、前4種は下痢や腹痛などを引き起こします。

腸管出血性大腸菌は強力なベロ毒素という毒を出します。これは赤痢菌が出す毒素に似たもので、もともとバクテリオファージ[2]が持っていたベロ毒素遺伝子をファージが大腸菌に感染したことで二次的に獲得されたと考えられています。ベロ毒素は出血をともなう腸炎や溶血性尿毒症症候群（HUS）[3]を引き起こし、激しい血便や重篤な合併症を経て死亡することもあります。潜伏期間は3〜8日、しかもわずか100個程度の細菌を摂取することで感染することがわかってきました。

潜伏期間の長さと、少ない菌で感染してしまうことから、病原性大腸菌の感染ルートはなかなか解明できません。食肉の生食や不十分な加熱、野菜や果物以外に、冷蔵庫や調理器具、手指を介して他の食品に原因菌が付着することでも感染は生じます。調理の際の十分な加熱、徹底した手洗い、保管や調理時に魚介類や肉類を分ける、調理器具の洗浄と消毒を行う、といった注意が必要です。

※1：現在170種類ほどが知られています。　※2：バクテリオファージとは、細菌に感染するウイルスの総称です。
※3：溶血性尿毒症症候群（HUS）は腸管出血性大腸炎の患者の一部に数日以上遅れて発生し、腎臓の障害など（溶血性貧血、血小板減少、急性腎不全）を起こします。

アルコール消毒が効かない？
《ノロウイルス》

生食用のカキと加熱用のカキの違い

生食用のカキ	生食用に出荷してよいと指定された海域で漁獲（養殖）された、雑菌数が食品衛生法の基準を下回ると保健所が認めたもの
加熱用のカキ	生活排水や工業排水が流れ込む場所に近い場合や、水質検査で生食用の基準を満たしていない場合は加熱用として出荷される
生食できる 加熱用のカキ	紫外線などで殺菌した海水中に規定された時間おく浄化処理をすれば生食用として出荷できるが、殺菌された海水にはエサがないので、浄化処理されたカキは痩せて味が落ちてしまうという声もある

生食用と加熱用は雑菌数などによる規定なので、加熱用のカキはいくら新鮮でも生で食べてはいけません！

たとえ新鮮でも加熱用のカキを生で食べてはならない

食べ物を原因とする**ノロウイルスの感染症は、ウイルスを含むカキなどの二枚貝を生食、あるいは十分加熱せずに食べた場合に生じやすい**といわれています。

お店で売られている「生食用」と「加熱用」カキの違いは、漁獲（養殖）している海域や処理方法によって定められています。カキなどの二枚貝類はろ過食者といって、海水に含まれる有機物をこしとって食べ物としています。このため、市街地の近くでは排水に含まれるノロウイルスなども集められて貝の中に蓄積します。こうしたウイルスを持ったカキを生食することで感染するのです。

ですから、生活排水や工業排水が流れ込む場所に近い場合や、水質検査で生食用の基準を満たしていない場合のカキは加熱用として出荷されます。こうした場所でも、紫外線などで殺菌した海水中に規定された時間おく浄化処理をすれば生食用として出荷できますが、殺菌された海水にはエサがないので、カキが痩せて味が落ちるという声もあります。

これに対して生食用のカキは、生食用に出荷してよいと指定された海域で漁獲（養殖）され、雑菌数が食品衛生法の基準を下回ると保健所が認めたものが出荷されています。**雑菌数などによる規定なので、加熱用のカキはいくら新鮮でも生で食べてはいけません。**

乾燥して舞い上がった嘔吐物による空気感染も

ノロウイルスは10〜100個程度のウイルスが体内に入るだけで感染し、感染後1〜2日で嘔吐や激しい下痢、腹痛を起こします。ウイルスが付着した調理器具や、感染者の嘔吐物、糞便などを介して感染することもあります。下痢便には大量のウイルスが排せつされているので、そうしたものの処理が不十分な場合、乾燥して舞い上がったウイルス粒子により大量の感染者が生じることがあります。

嘔吐物の処理方法は、以下のようにします。

①片づけの際は使い捨てのゴム手袋とマスクをつける

②便や吐いたもので汚れた床は、家庭用塩素系漂白剤を含ませた布でおおい、しばらくそのまま置いて消毒する

③便や吐いたものはペーパータオルなどで静かに取り除く

④汚れた布は塩素系漂白剤に浸して消毒する

⑤使い終わった手袋、マスクなど、捨てるものはビニール袋などに密閉する

ノロウイルスは消毒薬にも強く、よく利用されるアルコール消毒では感染性がなくなりません。石けんなどを用いてよく手を洗うほか、消毒の徹底が必要です。

微生物 Column

症状がおさまってもウイルスの排出が続く

ノロウイルス感染者が出た場合は、食器や衣類、感染者が触ったドアノブなども塩素消毒液で消毒し、タオルやリネン類は分けて洗たくするなどして拡大を防ぎます。

症状がおさまっても2〜3週間はウイルスの排出が続くと考えられているため、子どもの便などの処理時は感染を広げないよう注意しましょう。

嘔吐物を処理する際に注意すること

① 使い捨てのゴム手袋とマスクをつけて片づける

② 汚れた床は塩素系漂白剤を含ませた布で消毒する

③ 嘔吐物などはペーパータオルなどで取り除く

④ 汚れた布は塩素系漂白剤に浸して消毒する

⑤ 使った手袋やマスクなど、捨てるものは密閉しておく

ノロウイルスは消毒液にも強く、一般的なアルコール消毒では感染性がなくならないので気をつけましょう！

Lesson.1
Lesson.2
Lesson.3
Lesson.4
Lesson.5 「食中毒」を起こす微生物
Lesson.6

ウイルス性胃腸炎で一番症状が重い？《ロタウイルス》

先進国でも、5歳までにほぼ全員が感染する

ロタウイルスは乳幼児に急性胃腸炎を引き起こすもので、入院が必要な小児の急性胃腸炎の半数を占めるとされています。ウイルス性の胃腸炎の中ではもっとも症状が重く、急激な白色の水様下痢便で発症します。

日本でのロタウイルス感染のピークは2月から5月にかけてで、11月から2月ごろまでのノロウイルス感染症のピークより少し遅れます。

ロタウイルスは非常に感染力が強く、先進国でも5歳までにほぼ全員が感染するともいわれています。感染すると1〜4日の潜伏期のあと下痢、嘔吐、発熱などを起こします。

ロタウイルス感染症による死亡者はまれですが、意識の低下やけいれんなどの症状が見られたら、すぐに医療機関の受診が必要です。

ロタウイルスは一度感染しただけでは十分な免疫が得られないため、症状が軽くなりながら複数回発症することもあります。しかも、10〜100個くらいのロタウイルスが口から入ることで感染してしまいます。

現在、ロタウイルスに効果のある抗ウイルス剤はなく、脱水を防ぐための水分補給や体力を消耗したりしないように栄養を補給することなどが治療の中心になります。脱水症状がひどい場合には医療機関で点滴を行うなどの治療が必要になります。

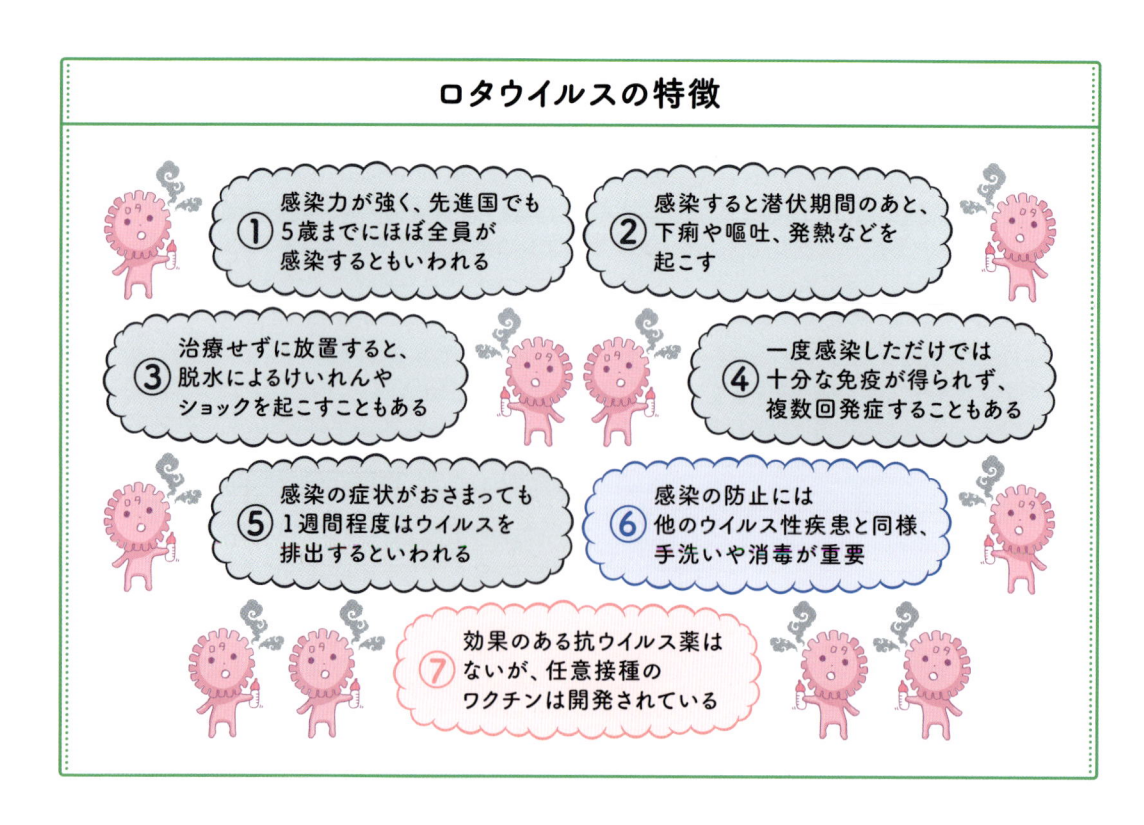

ロタウイルスの特徴

① 感染力が強く、先進国でも5歳までにほぼ全員が感染するともいわれる

② 感染すると潜伏期間のあと、下痢や嘔吐、発熱などを起こす

③ 治療せずに放置すると、脱水によるけいれんやショックを起こすこともある

④ 一度感染しただけでは十分な免疫が得られず、複数回発症することもある

⑤ 感染の症状がおさまっても1週間程度はウイルスを排出するといわれる

⑥ 感染の防止には他のウイルス性疾患と同様、手洗いや消毒が重要

⑦ 効果のある抗ウイルス薬はないが、任意接種のワクチンは開発されている

51 「新鮮な食品」でも感染する？
《A型・E型肝炎ウイルス》

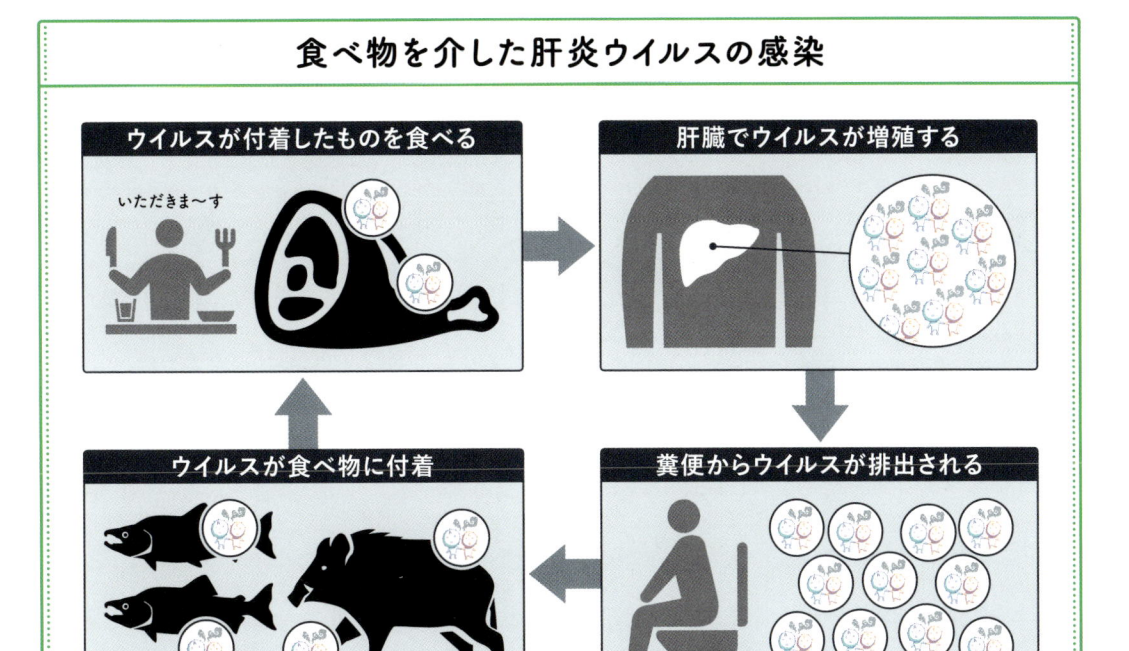

食べ物を介した肝炎ウイルスの感染

ウイルスが付着したものを食べる
いただきま〜す

肝臓でウイルスが増殖する

ウイルスが食べ物に付着

糞便からウイルスが排出される

Lesson_1
Lesson_2
Lesson_3
Lesson_4
Lesson_5 「食中毒」を起こす微生物
Lesson_6

衛生状態の悪い水や生肉などに要注意

A型肝炎は一過性の感染症です。**A型肝炎は、B型肝炎やC型肝炎と違って慢性化はしません。**衛生状態が悪い東南アジアやアフリカ、南アメリカ諸国では現在でも多くの感染者がいます。

感染者の糞便に含まれているウイルスが、水、野菜、果物、魚介類などを経て口に入ることで感染し、飲料水の管理が悪い地域で感染リスクが高いとされています。

日本でも1年を通じて各地でA型肝炎がみられていて、東南アジアなどの流行地への渡航や、生鮮食品の輸入がその原因と考えられ

ています。また日本近海でとれた生カキなどからもウイルスが見つかっています。

E型肝炎ウイルスによる感染症は、衛生状態の悪い地域で多くみられます。先進国では輸入感染症といわれてきましたが、すでに土着化しているとも考えられています。日本では、**ブタやイノシシの肉を生、あるいは半生で食べて感染する人が時々出ています**[1]。

感染を予防するには、食べ物・水に注意することです。流行地では殺菌されたボトル水や煮沸水を飲み、非加熱の貝や野菜を口にしないようにしましょう。国内ではブタやイノシシ、シカなどの肉や内臓にはよく火を通し、血液がついたまな板や箸、皿にも注意が必要です。

※1：潜伏期はA型肝炎が2〜6週間、E型肝炎が2〜9週間です。発熱（38℃以上）、全身倦怠（けんたい）感、食欲不振、頭痛、筋肉痛などに続き、黄疸（おうだん）などの症状が出ます。いずれも致死率は低く、多くは1〜2か月の経過で治癒しますが、まれには劇症肝炎（ある日突然、肝臓が全く機能しなくなってしまう病気）で亡くなることがあります。

水道水が原因で食中毒になる？
《クリプトスポリジウム》

クリプトスポリジウムはヒトと動物の共通感染病原体

① 家畜やペットに寄生すると知られていたが、ヒトへも感染する

② エイズなどの免疫不全の患者は重症化しやすく、致命的

③ 水道水の塩素消毒でも感染性を失わない

家畜やペットに寄生する原虫が激しい下痢を引き起こす

　クリプトスポリジウムは世界中に広く分布していて、種々の動物の消化管に寄生している原虫（原生生物）です。

　感染した動物の糞便で汚染された水や食品が口から入り、クリプトスポリジウムに感染すると、腸に寄生して増殖し、水様の下痢や腹痛、吐き気などの症状が出ます。1～2週間で改善しますが、2か月ほど便にオーシスト[※1]が出続けます。腸に寄生した下痢便中には1日に10億個のオーシストが排出されるといわれています。

　オーシストは加熱や乾燥には弱いものの、消毒薬には抵抗性があって、浄水場やプールで使われる塩素の濃度では死に絶えることはありません。そして、オーシストがたった1つでも飲み込まれると、感染してしまうことがあります。アメリカでは水源の汚染で40万人が水道水によって集団感染したことがあり、日本でも水道水が原因で約9000人の集団下痢症が起こっています。また日本で、生の牛肉やレバーを食べたことによる感染や、感染者が下痢便で汚れた手で蛇口にさわったことにより、宿泊施設で200人以上の集団感染も発生しています。

　エイズ患者など免疫不全の患者は自然に治癒せず、激しい下痢や多臓器への感染で亡くなることもあります。

※1：クリプトスポリジウムは一生のうちに、スポロゾイトという虫の形になったり、オーシストという卵のような頑丈な殻に覆われた形になったりします。

見た目や味ではわからない？
《シガテラ毒・貝毒》

熱に強く、加熱しても毒性は消えない

サンゴ礁でとれた魚で、食中毒が起こることがあります。体がだるくなったり、冷たい水にさわると感電したようなショックと痛みを感じるため、この症状は「魚に酔う」とも表現されます。ふつうは無毒で食用になる魚が毒を持つようになり、外観や味では毒化した魚が区別できません。なぜ魚が毒を持つのか、永年の謎でしたが、毒は渦鞭毛藻※1という植物プランクトンがつくっているとわかりました。毒の名はシガテラといいます。毒をもつ渦鞭毛藻が海藻に付着し、食物連鎖によって草食魚から肉食魚へと移行し、蓄積した毒をヒトが食べて食中毒を起こすのです。シガテラは、加熱しても壊れません。

シガテラで汚染した魚を食べると、唇や舌の痛みで症状が始まり、腹痛、下痢、頭痛などが続き、重症だと温度感覚の異常や運動障害、麻痺・痙攣が起こります。回復は遅く、数か月以上を要することもあります。

渦鞭毛藻がつくった毒を貝類がため込んで、それを食べた人が中毒することもあります。症状の違いで、下痢性貝毒や麻痺性貝毒などに分類されます。麻痺性貝毒の食中毒では、呼吸麻痺で亡くなることもあります。

こうした海洋生物による食中毒を防ぐために、生物の毒化モニタリングや原因プランクトンの毒性試験などが行われています。

有毒なプランクトンがシガテラ毒や貝毒の原因

シガテラ毒

有毒なプランクトンが付着した海藻を魚が摂食

↓

毒素のある魚を肉食魚が摂食

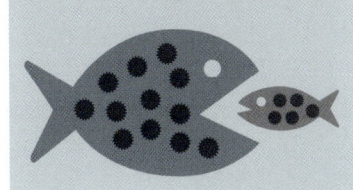

貝毒

有毒なプランクトンが発生

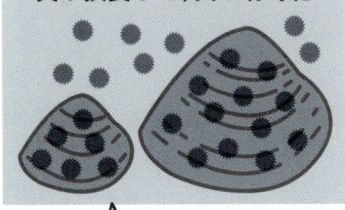

↓

貝が摂食して、貝が有毒化

これらを知らずに食べてしまい、中毒を起こしてしまう

シガテラ毒も貝毒も、加熱しても毒性は消えません。また、味には変化がないため、食べただけでは気づきません！

※1：単細胞の藻類で、鞭毛（べんもう）という毛のような器官を使って泳ぎます。異常に増殖すると赤潮を引き起こします。

天然で最強の発がん物質をつくる？《カビ毒》

いたるところに生息し、病気や中毒の原因に

カビはいたるところに生息し、毒物をつくって病気や中毒の原因になるものもあります。その種類と注意点を見てみましょう。

フラバス種の**コウジカビ**はごく微量で肝臓がんを引き起こすアフラトキシンという毒をつくります。なかでも**アフラトキシンB1は天然で最強の発がん物質**といわれています。日本でも輸入した米製品などで汚染が報告されていますが、そのような**輸入品を国内で流通させない対策が重要**です。

麦が開花して実を結ぶ季節に長雨にあうと**アカカビ**が付着して増殖し、その汚染した麦でつくったパンなどを食べると中毒を起こします。湿度が高い環境では長い間生き残るので、**食品や野菜、果物を保存する際には十分な注意が必要**です。

餅に生えるカビは、**アオカビ**がもっとも多く、**クロカビ**や**ケカビ**もしばしば生えます。肉眼で見てカビがあるところを削っても、一見カビが見えないところに菌糸がはびこっているので、**カビが生えた餅は食べない**ほうがいいでしょう。

浴室の壁でよく見る**クロカビ**は空気中をただようカビの中でもっとも多いカビで、アレルギー疾患の原因にもなります。クロカビの殺菌には、**アルコールや熱めのお湯で拭く**のが有効です。

毒を発生する主なカビの特徴

カビはいたるところに生息しており、毒物をつくって病気や中毒の原因にもなっているのです！

フラバス種のコウジカビ	・肝臓がんを引き起こすアフラトキシンという毒をつくる ・世界的にはトウモロコシや香辛料、ナッツ類で、日本でも輸入した米製品などで汚染が報告されている ➡汚染された輸入品を国内で流通させない対策が重要
アカカビ	・麦が実を結ぶ季節に長雨にあうと、付着して増殖する ・小麦粉に混入すると、パンを焼く温度や時間では分解されない ・湿度が高い環境では長い間生き残る ➡食品や野菜、果物を保存する際は注意する
アオカビ クロカビ ケカビ	・餅に生えるカビはアオカビがもっとも多い ・菌糸は一見カビがないように見えるところにもはびこっていて、肉眼で見てカビがあるところを削っても排除できない ➡カビが生えた餅は食べないほうがいい
クロカビ	・浴室の壁でよく見る黒いカビ。空気中のカビの中でもっとも多い ・殺菌には、アルコールや熱めのお湯で拭くのが有効 ・浴室では石けんや洗剤を栄養源として生育している ➡石けんや垢を洗い落とし、換気することが効果的

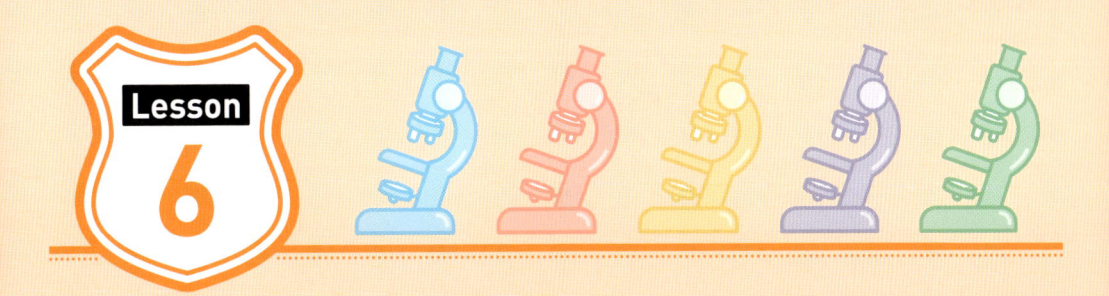

「病気」を起こす

微生物

風邪とインフルエンザの違いって何？《インフルエンザウイルス》

普通の風邪とインフルエンザの症状

インフルエンザは、一般的に風邪よりも不快感が強く出ます！

症状	普通の風邪	インフルエンザ
発熱	まれ	一般的（39〜40℃）で、突然始まる
頭痛	まれ	一般的
一般的な不快感	わずか	一般的：しばしば非常に重くなり、ついには衰弱する
鼻水	一般的（ありふれている）	やや一般的（ありふれた症状ではない）
のどの痛み	一般的（ありふれている）	かなり少ないが一般的には痛みがある
嘔吐／下痢	まれ	一般的

出典：Brock『微生物学』オーム社（2003年）p.946の図を一部改変

風邪の原因ウイルスは200種以上ある

　風邪は、子どもも大人ももっとも多くかかる病気で、生涯を通して毎年2〜5回ほど風邪を引くといわれています。症状には鼻水や鼻づまり、のどの痛み、咳などがあり、熱や不快感が出るときもありますが軽く、治療しなくても3日から1週間ほどで治ります。

　インフルエンザは38℃以上の発熱が急に起こり、頭痛や筋肉・関節の痛みをともなって、不快感も風邪より強く出ます。インフルエンザの症状はつらいものですが、通常は1週間程度で治ります。

　風邪の原因はウイルスです。ライノウイルスの感染が風邪の半分ほどを占めていて、これまでに100以上の型があることがわかっています。その次に多いのがコロナウイルスで、風邪の原因の15％ほどを占めます。そのほか、アデノウイルスやコクサッキーウイルス、オルソミクソウイルスなども風邪を引き起こします。風邪の原因になるウイルスは200種以上あるといわれていて、感染したものに対する免疫はできても、未感染のウイルスがたくさん残っているので、私たちは何回も風邪を引きます[※1]。

　風邪の症状がつらいときには、それを軽減するための薬が処方されます。風邪の原因はウイルスなので、抗生物質は効きません。抗生物質を投与しても早く治らないし、副作用

※1：歳をとると風邪を引きにくくなるのは、感染したことがあるウイルスの免疫ができるためです。

や耐性菌（抗生物質が効かない細菌）が出現するなどの問題が起こる恐れがあります。

加温と加湿がインフルエンザの感染をおさえる

インフルエンザは、足もとからの寒気や膝から太股にかけての不快感、そして39℃を超えるような急な発熱といった症状からしばしば始まります。四肢の筋肉や関節の痛みが続き、不快感はだんだん強くなっていきます。

インフルエンザでこうした症状が起こるのは、ウイルス感染に対して免疫系が総動員されて戦っていること、その戦いに連動してホルモンの分泌異常や代謝障害、ストレス性反応などが起こっているからです。つまり、「インフルエンザは全身病」といえます。

インフルエンザが冬に流行するのは気温と湿度が低いからといわれますが、寒さは必ずしも関係せず、ウイルスの生存率に密接な関係があるのは絶対湿度[※2]であることがわかっています。絶対湿度の変化と気温の変化の様子が似ているので、寒さがウイルスの生存率と相関しているように見えるのです。下の図は兵庫県内の2か所で調べた結果です。部屋の中の暖房と加湿によって絶対湿度を高めれば、ウイルスの感染力は弱まります。

微生物 Column

新種が簡単に生まれるインフルエンザウイルス

インフルエンザウイルスは一本鎖のRNAウイルスです。そのため、もともとDNAウイルスよりも変異しやすいのですが、インフルエンザウイルス遺伝子の特別な構造がさらに変異を起こしやすくしており、新しいウイルスが簡単に生まれてしまいます。

このことがワクチン接種によるインフルエンザの予防を困難にしています。

Lesson.1
Lesson.2
Lesson.3
Lesson.4
Lesson.5
Lesson.6 「病気」を起こす微生物

高い絶対湿度がインフルエンザの感染をおさえる

定点あたりのインフルエンザ患者数と絶対湿度・気温・相対湿度の関係

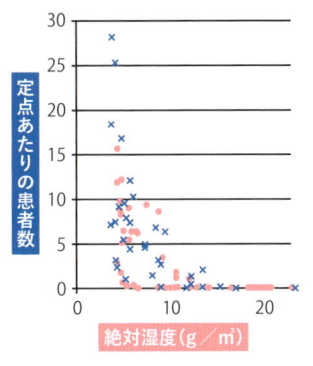
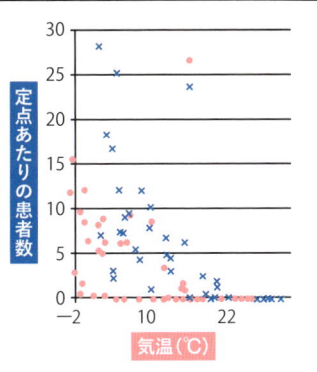
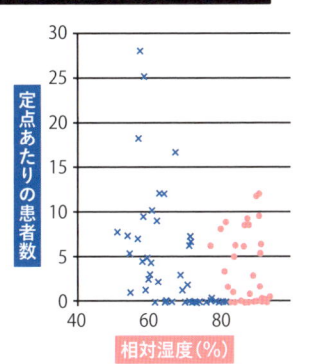

（左）定点あたりの患者数 — 絶対湿度（g／㎥）
（中）定点あたりの患者数 — 気温（℃）
（右）定点あたりの患者数 — 相対湿度（%）

インフルエンザは冬に流行しますが、その原因は必ずしも寒さではなく、絶対湿度が関係しているのです！

出典：植芝亮太ら「学校薬剤師業務における絶対温度利用の提言」YAKUGAKU ZASSHI Vol.133, No.4, pp.479-483（2013）の図を一部改変

※2：絶対湿度は、1立方メートル（㎥）の空気中に含まれる水蒸気量をグラム（g）単位で表したものです。

Lesson_6 56 今も世界で毎年数百万人が死亡している?《結核菌》

世界では全死亡原因の5%を結核が占めている

結核は、結核菌という細菌が原因で起こる病気です。結核菌を発見したのはローベルト・コッホで、1882年のことでした[※1]。かつて結核は、人類にとってもっとも重要な感染症のひとつといわれ、世界中で死亡原因の7分の1を占めていました。日本でも1950年まで死亡原因の第1位が結核であり、「国民病」ともいわれました。

70年くらい前までは「不治の病」といわれていた結核ですが、抗生物質のストレプトマイシンが1944年に発見され、化学療法剤が次々と生み出されて「治る病気」になり、患者数は減少していきました。それでは結核は過去のものになったのでしょうか。決してそうではなく、世界では毎年約300万人が結核で亡くなり、全死亡原因の5%を占めています。日本でも毎年約2万人の新たな患者が発生し、2000人ほどの方々が亡くなっています。

結核を発病している人が咳やくしゃみをすると、結核菌が飛沫（しぶき）に含まれて飛び散り（このことを「排菌」といいます）、それを他の人が吸い込むと「感染」が起こります。感染したあとに、結核菌が肺などの臓器の中で活動を始めて、菌が増殖して体の組織が破壊されていくことを「発病」といいます。感染した人の大部分は発病せず、発病するのは1割ほどです。

諸外国と日本の人口10万人あたりの結核死亡数（人）

国名	1950年	2000年	2014年	国名	1950年	2000年	2014年
日本	146.4	2.1	1.7	イタリア	42.6	0.8	0.4
アメリカ	22.5	0.3	0.2	ドイツ	―	0.7	0.4
英国	36.3	0.8	0.5	オーストラリア	20.9	0.3	0.2
フランス	57.9	1.9	0.6	シンガポール	139.4	2.5	1.0
オランダ	19.0	0.6	0.1	フィリピン	199.8	35.6	10.0
デンマーク	13.8	0.7	0.4	タイ	63.6	9.9	11.0

世界では結核で毎年約300万人が、日本でも2000人ほどが亡くなっています!

出典：結核予防会結核研究所HP　注：―は情報なし

※1：世界保健機関（WHO）は1997年、結核菌を発見した日にちなんで、3月24日を世界結核デーに制定しました。

感染しても発病しないこともあるが…

結核に感染した

発病した

うう…苦しい… ゴホゴホ…

治療しないと結核菌が
体に広がり、死に至る

発病しなくても…

ふむ… ?? 特に何も…

結核菌が生き残って、
ずっとあとに発病することも

結核菌が薬に耐性を持ってしまわないように、薬をきちんと飲み続ける治療が重要です！

Lesson.1
Lesson.2
Lesson.3
Lesson.4
Lesson.5
Lesson.6 「病気」を起こす微生物

治療が完了するまで薬を飲み続けることが大切

　肺で結核が発病すると、広範囲にわたって組織が破壊され、呼吸する力が低下していきます。治療しないでおくと肺出血や喀血、窒息などが起こり、結核菌は体のいたるところに拡散し、高い頻度で死に至ります。

　発病に至らない場合には、感染は局所にとどまります。多くの場合は体の抵抗力によって結核菌は追い出されますが、菌がしぶとく体内に生き残ることもあり、この場合には免疫系の細胞が結核菌を取り囲んだ「核」をつくります。結核という名前は、この「核」からきています。

　結核は、薬を飲むことによって治すことができます。大事なことは、医師の指示を守って薬をきちんと飲むこと、治療が完了するまで薬を飲み続けることです。

　結核がいまでも多くの人の命を奪っている

原因の1つが、抗結核薬が効かない「耐性菌」が現れてきたことです。治療の途中で薬をやめたり、指示された通りに薬を飲まなかったりすると、結核菌が薬に耐性を持ってしまうことがあります。結核の治療では、耐性菌を生んだりしないように薬をきちんと飲み続けることが重要です。

微生物 Column

X線撮影や細菌検査で発病がわかる

　結核を発病しているか否かは、X線を使った画像診断や細菌検査で判定されます。胸のX線撮影で疑わしい影があるときは、CTスキャンなどの精密検査を行います。
　また喀痰検査で、結核菌を排菌しているか否かがわかります。最近では菌の遺伝子を増幅して検査する方法が開発され、数時間で判定できます。

DNA遺伝子説を証明した？
《肺炎球菌》

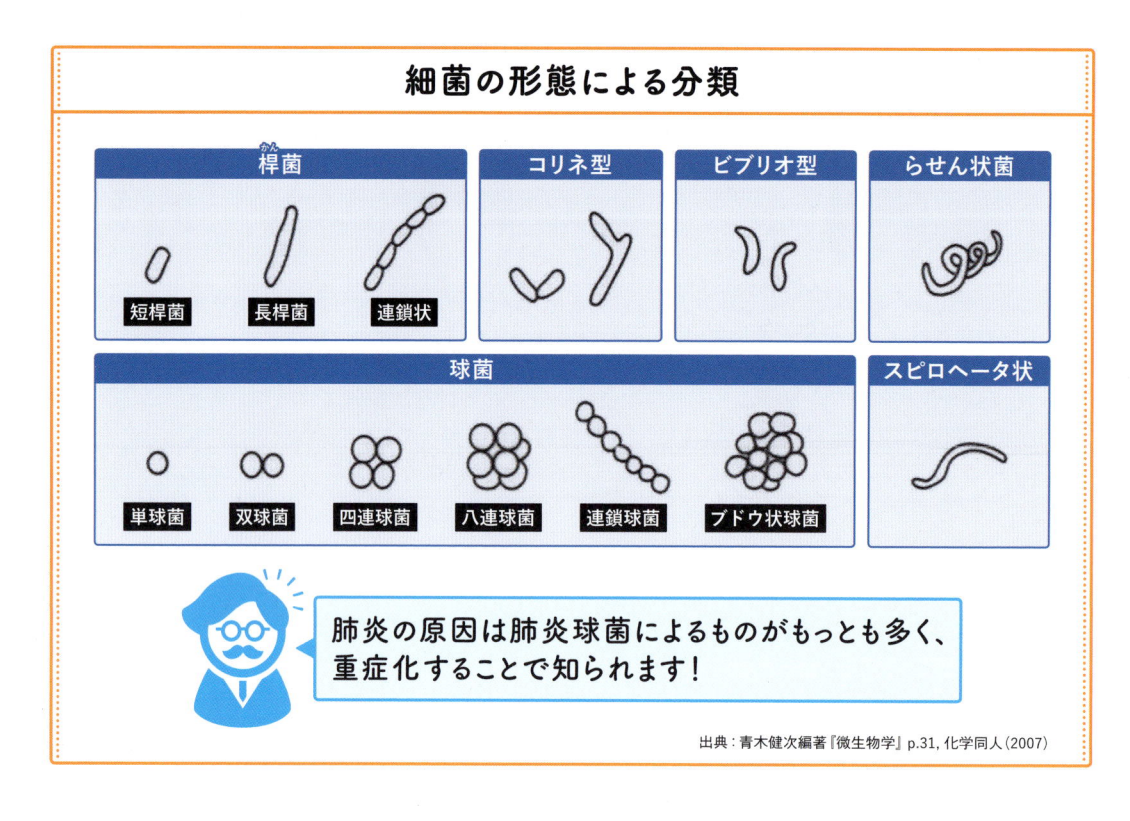

細菌の形態による分類

| 桿菌 |
| 短桿菌　長桿菌　連鎖状 |

| コリネ型 |

| ビブリオ型 |

| らせん状菌 |

| 球菌 |
| 単球菌　双球菌　四連球菌　八連球菌　連鎖球菌　ブドウ状球菌 |

| スピロヘータ状 |

肺炎の原因は肺炎球菌によるものがもっとも多く、重症化することで知られます！

出典：青木健次編著『微生物学』p.31, 化学同人 (2007)

細菌やウイルスが肺に炎症を起こす

肺炎は、細菌やウイルスなどによって起こる、肺に炎症を起こす病気です。細菌やウイルスが鼻や口から侵入しても、健康な人はのどでブロックできますが、風邪を引いたり免疫のはたらきが弱くなっているときは肺に侵入してしまい、そこで炎症を起こすのです。

肺炎にかかると咳や痰が出て、ぜいぜいと声を出しながら息をしたり、呼吸するのが苦しくなります。高齢者の肺炎はあまり目立った症状がなく、気がつくと重篤な状態になっていることがあるので注意が必要です。

肺炎は、原因となる微生物によって、細菌が原因で起こる「細菌性肺炎」、ウイルスが原因で起こる「ウイルス性肺炎」、マイコプラズマやクラミジアなど、細菌とウイルスの中間的な性質を持つ微生物が原因で起こる「非定型肺炎」の3つに分類されます。細菌は上の図のように、細胞の形態によって「球菌」、「桿菌」、「らせん状菌」などに分類されます。肺炎などの原因となる球菌なので、「肺炎球菌」と呼ばれているわけです。

肺炎球菌の実験で遺伝子の本体がDNAだと証明

肺炎球菌は、遺伝子の研究において重要な役割を果たしたことでもよく知られます。

1923年、イギリスのグリフィスは肺炎球菌の培養に成功し、コロニー（肉眼で見える微生物の集団）の表面が滑らかなS型と、ざらざらしたR型の2タイプがあることを発見しました。病原性は、細胞表面に「莢膜」（ゲル状の粘液物質で細胞の周りを取り囲む膜）を持つS型にしかないので、S型を注射したマウスは肺炎で死にますが、R型を注射してもマウスは肺炎になりません。グリフィスがS型の菌を熱処理（60℃）し、R型といっしょに注射してみると、マウスは肺炎になって死んでしまいました。マウスの中でR型の肺炎球菌がS型に変わり、しかもいったんS型に変わった菌は、細胞分裂をくり返してもS型のままでした。遺伝的な形質が変化（「形質転換」といいます）してしまったのです。

アメリカのエイブリーはこの研究をさらに進め、遠心分離器を使って形質転換物質を大量に抽出し、DNA、RNA、タンパク質をそれぞれ分解する酵素で処理しました。その結果、DNA分解酵素で処理すると形質転換の活性が失われ、RNA分解酵素やタンパク質分解酵素で処理しても活性は失われないことがわかりました。

このようにして1944年、遺伝子の本体がDNAであることがついに証明されました。その研究の主役が肺炎球菌だったのです。

微生物 Column

肺炎球菌は肺炎のほかの病気の原因にもなる

肺炎球菌は、肺炎のほか、しばしば中耳炎の原因にもなり、髄膜炎や敗血症といった重い病気も引き起こします。

インフルエンザに感染したあとに起こる肺炎では、肺炎球菌がもっとも重要な原因の1つといわれています。1980年代後半からは、複数の抗生物質が効かない多剤耐性菌が世界的な問題になっています。

Lesson-1
Lesson-2
Lesson-3
Lesson-4
Lesson-5
Lesson-6 「病気」を起こす微生物

肺炎球菌を使ったグリフィスの実験

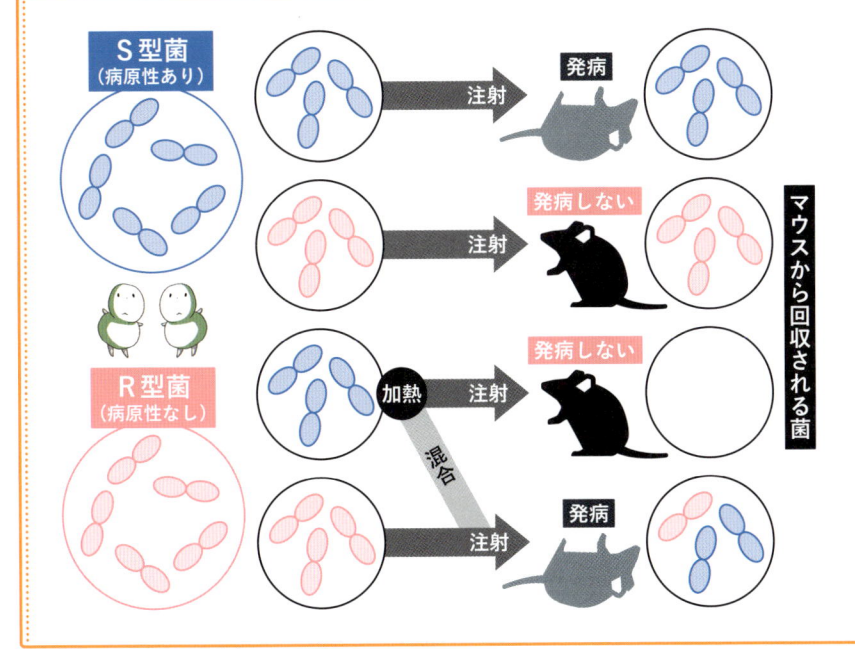

S型菌（病原性あり）

注射 発病

発病しない 注射

R型菌（病原性なし）

加熱 注射 発病しない

混合

注射 発病

マウスから回収される菌

肺炎球菌の遺伝的な形質の変化が発見されて、遺伝子の本体がDNAであることが証明されたのです！

妊婦がかかると障害児が生まれる?《風しんウイルス》

最大の問題は「先天性風しん症候群」

風しんは、風しんウイルスによって起こる病気です。ウイルスを吸い込むと2～3週間の潜伏期間の後に発病し、主な症状は発しん、発熱、リンパ節の腫れです。風しんウイルスに感染しても、明らかな症状が出ないままに免疫ができてしまう（不顕性感染）人が、子どもで約50%、大人で約15%あるといわれています。

妊娠中の女性が風しんにかかると、胎児が風しんウイルスに感染し、難聴や白内障、心疾患などの障害を持った赤ちゃんが生まれることがあります。これらの障害を先天性風し

ん症候群（CRS）といい、妊娠12週までに起こる可能性が高いことがわかっています。

1960年代の後半からワクチンの開発研究が進められて、安全で効果の高い弱毒生ワクチンがつくられました。日本では、1995年から1～7歳半と中学生の男女が定期接種の対象になり、2006年からは生後12～24か月の子（第1期）と、5歳以上7歳未満で小学校就学前1年間の子（第2期）に、麻しん風しん混合ワクチン（MRワクチン）が定期接種で行われています。風しんワクチンを1回接種した人に免疫ができる割合は約95%、2回接種した人は約99%と考えられています。

風しんの予防接種を受けたことがない人は、なるべく早く受けることが望まれます。

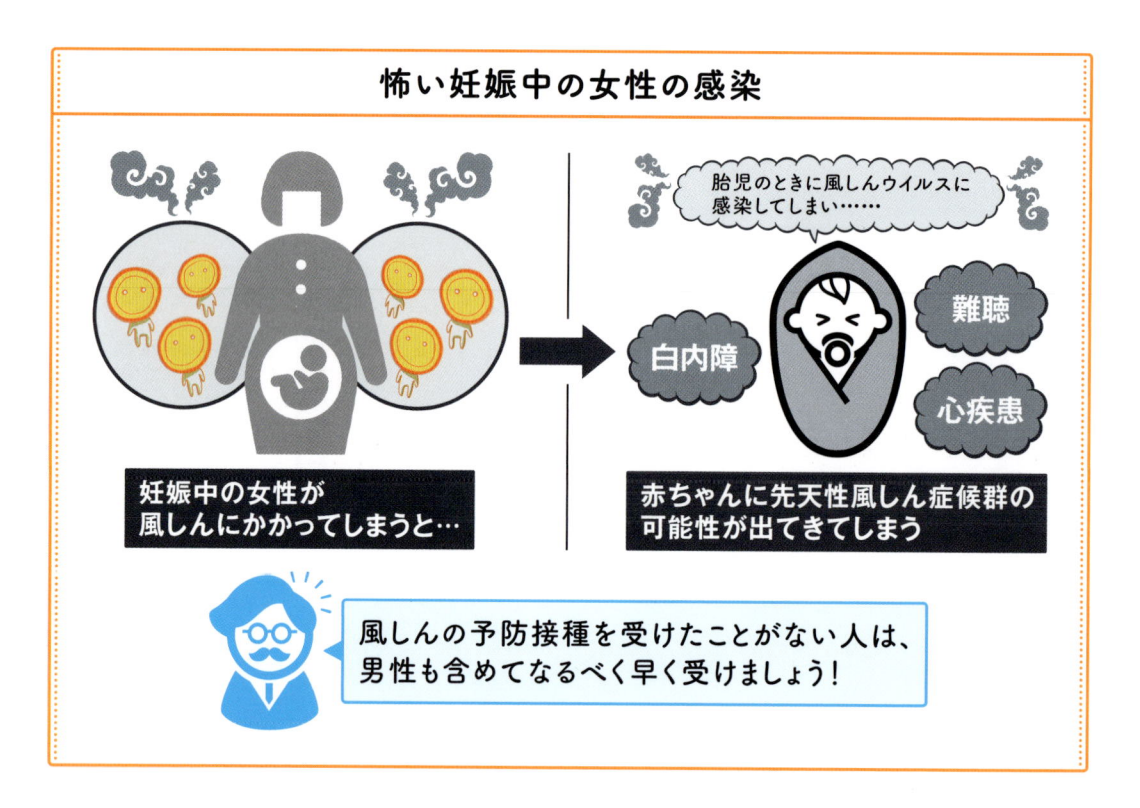

怖い妊娠中の女性の感染

妊娠中の女性が風しんにかかってしまうと…

胎児のときに風しんウイルスに感染してしまい……

白内障　難聴　心疾患

赤ちゃんに先天性風しん症候群の可能性が出てきてしまう

風しんの予防接種を受けたことがない人は、男性も含めてなるべく早く受けましょう!

中世ヨーロッパで約3割の人が死亡した?《ペスト菌》

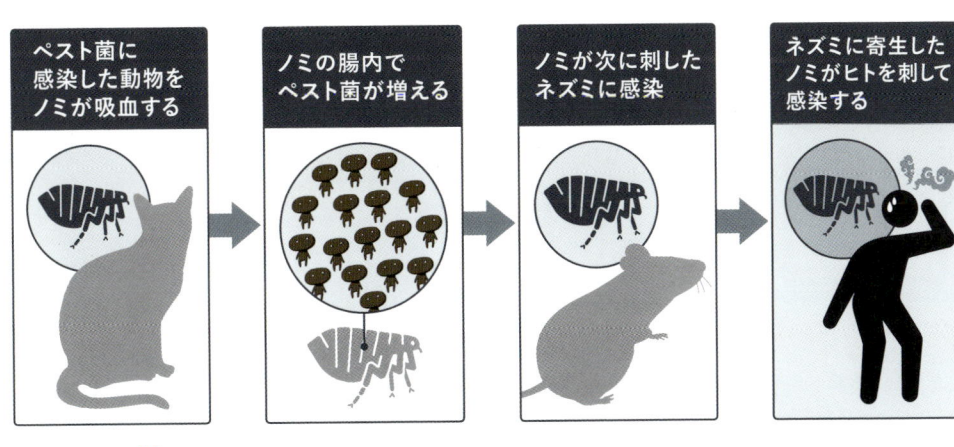

ペストはノミによって伝播する

| ペスト菌に感染した動物をノミが吸血する | ノミの腸内でペスト菌が増える | ノミが次に刺したネズミに感染 | ネズミに寄生したノミがヒトを刺して感染する |

ペストは迅速に診断されれば、治療は可能です。一般的にはストレプトマイシンなどの投与で治療します!

Lesson_1
Lesson_2
Lesson_3
Lesson_4
Lesson_5
Lesson_6 「病気」を起こす微生物

ペストは過去の病気になったわけではない

　ペストは世界的流行により、マラリアに次いで多くの人々の命を奪ってきました。最大規模の流行が起こった**14世紀には、ヨーロッパの人口の25～33%がペストで死亡した**と推定されています。過去の病気になったわけではなく、2010～15年に世界で3248人がペストを発病して584人が亡くなっています。**敗血症ペストや肺ペストはとくに深刻で、肺ペストは治療しないとすべて死に至ります。**

　ペストを引き起こすのはペスト菌で、ネズミノミによって伝播します。ノミは感染した動物から吸血してペスト菌をとり込み、菌はノミの腸内で増えて、ノミが次に刺した動物にペスト菌が感染します。ネズミノミは家ネズミに寄生し、人間を吸血するので、ヒトペストの流行に大きくかかわってきました。

　ペスト菌が体に入るとリンパ管を移動して、リンパ節に横痃（おうげん）と呼ばれる腫（は）れを起こします（腺ペスト）。ペスト菌が血流で全身に広がると敗血症ペストになり、多くは診断される前に亡くなります。ペスト菌を吸入して肺に入るか、腺ペストから菌が肺に到達すると、肺ペストになります。肺ペストの患者は即座に隔離しないと、感染は急速に拡大します。

　ペストは迅速に診断されれば治療は可能で、一般的にはストレプトマイシンなどの抗菌剤が投与されます。

人類の進化にまで影響した？
《マラリア原虫》

マラリアの予防対策

1 リスクの認識	2 防蚊対策	3 予防内服	4 早期診断と早期治療

旅行先のマラリアの流行状況を調べる	肌の露出は少なく、虫よけの薬も用意	事前に予防薬を内服しておく	もし異変を感じたらいち早く病院へ！

 世界保健機関（WHO）の推計では、マラリアは世界の100か国ほどで伝播しています！

世界の100か国ほどで伝播し、毎年100万人以上が亡くなる

マラリアは、マラリア原虫という原生動物によって起こる感染症で、蚊が媒介します。世界で1億人以上が感染していて、毎年100万人以上が亡くなっています。

人に感染するマラリア原虫には4種類あり、もっとも広範囲に広がっているのが三日熱マラリア原虫、もっとも深刻な症状を起こすのが熱帯熱マラリア原虫です。この寄生虫は、一生の一部を人の中で、一部を蚊の中で過ごします。マラリアを伝播するのはハマダラカ属の雌だけで、気温の高い地域に生息しているため、マラリアは主に熱帯や亜熱帯地域で起こります。世界保健機関（WHO）の推計では、世界の100か国ほどで伝播しています。

マラリアの予防対策は、以下の4つです。

①マラリアを発症するリスクの認識：どのマラリア原虫が流行しているか、薬剤耐性の状況はどうかは国や地域によって異なります。旅行する際には事前に調べておきましょう。

②防蚊対策：ハマダラカを防ぐことがマラリア対策の基本になります。肌の露出を少なくし、虫よけの薬も使います。

③予防内服：マラリアの流行地に行く際は、①②の予防対策に加えて、予防薬を内服します。

④早期診断と早期治療：熱帯熱マラリアは短期間に重症化し、死亡する可能性も高いため、マラリアは早期診断と早期治療が重要です。

薬剤治療で長期生存が可能に？《ヒト免疫不全ウイルス》

薬をきちんと飲んでいれば、エイズに至ることはほぼない

1981年にアメリカで、免疫のはたらきがひどく低下して日和見感染症（通常の免疫反応を持つ人間ではほとんど見られない感染症）を起こす奇妙な病気が見つかりました。次々と同じような病気が報告され、アメリカ疾病予防センター（CDC）は後天性免疫不全症候群（AIDS）と命名しました。

血液や体液とエイズ感染の因果関係から感染経路が次第に明らかになり、1983年、フランスのモンタニエらがエイズ患者から原因となるウイルスを発見しました。そのウイルスをヒト免疫不全ウイルス（HIV）といいます。

HIVに対して効果のあるワクチンはまだありませんが、現在では、抗HIV薬をきちんと飲んでいればウイルス量を低いレベルにおさえ込むことができ、エイズに至ることはほぼなくなりました。しかし、治療を中断してしまうと、たちまちウイルスの活性化が起こって、エイズを発症してしまいます。抗HIV薬の内服は100%を目指すことが大事です。

薬による治療は、3種類以上の抗HIV薬を組み合わせて服用する「多剤併用療法」が標準的で、薬剤耐性ウイルスが現れる可能性を低めています。なぜなら、ウイルスは3種類以上の薬剤に対する耐性を同時に持たなければならないからです。こうした治療で、HIV感染症は慢性疾患[1]になりつつあります。

多剤併用療法でエイズ発症はおさえられる

ウイルスが3種類以上の薬剤に対する耐性を同時に持つのは難しいのです！

※1：慢性疾患は、からだに現れる変化がゆっくりで、長期間の経過をたどる疾患のことをいいます。急性疾患と対比して使われる用語です。

エアコンが原因で死亡することもある？《レジオネラ菌》

アメリカでの集団感染事件をきっかけに発見された

　1976年7月、アメリカ・フィラデルフィアのホテルで在郷軍人会の年次総会が行われ、4000人以上が参加しました。この中から高熱や悪寒、極度の衰弱、重い肺炎を示す患者が次々と発生しました。アメリカ疾病予防センター（CDC）が原因を調査したところ、亡くなった患者の肺の組織から、未知の細菌が見つかりました。**菌には、在郷軍人会（legion）にちなんでレジオネラという名前がつけられ、この菌が引き起こす病気は在郷軍人病（レジオネラ肺炎）と名づけられました。**

　感染経路については、空調用冷却塔の水がレジオネラに汚染され、そのエアロゾル[※1]がホテルの中に流れ込んで、ロビーなどに居合わせた人たちが吸い込んでしまったことが原因だと推測されました。

　レジオネラは本来、土壌や河川、湖などの自然環境に広く分布する環境常在菌で、**一般にはその菌数は少なく、分裂速度がきわめて遅い**ことが知られています。ところが空調用冷却塔や循環式浴槽などでは、温かい水が装置内でくり返し循環して使用されるため、様々な細菌や原生動物が生息する**バイオフィルム**（微生物によって器具などの表面に形成される粘質状や寒天状の膜状構造物）ができやすく、レジオネラの繁殖に必要なアメーバや微細藻類などの共生微生物の恰好の繁殖の

循環式浴槽でレジオネラ菌が繁殖して感染する

温かい水が装置内でくり返し循環して使用されると、レジオネラ菌が繁殖しやすくなるのです！

ろ過器内などにレジオネラ菌が繁殖

浴槽の湯が汚染されてしまう

エアロゾルが飛散

エアロゾルを吸引して感染

※1：エアロゾルは、空気中をただよっている微小な液体や固体の粒子です。

レジオネラに感染して発症する病気

	症状	治療など
レジオネラ肺炎	・悪寒・高熱・全身倦怠感・筋肉痛などの症状がみられる ・その後、数日のうちに乾いた咳・喀痰・胸痛・呼吸困難などがみられるようになる ・進行は急で、重篤な場合は呼吸不全で死亡する	・まず抗生物質を投与。酸素療法や呼吸補助療法、場合によってはステロイドホルモンの短期大量療法が行われる ・発症から5日以内に治療が始まれば、ほとんどが救命できる
ポンティアック熱	・発熱が主症状で、悪寒・筋肉痛・頭痛・軽い咳がみられる ・肺炎はともなわない	・多くは5日以内に無治療で回復 ・死亡例はない ・集団発生しない場合は、ポンティアック熱を疑うことは難しい

レジオネラ肺炎は、初期には他の肺炎と症状に大きな違いがないため、臨床検査で確定診断が必要になります！

場になっています。こうしたことから、**分裂が遅いレジオネラにも繁殖に必要な時間と環境ができてしまう**のです。

レジオネラ肺炎は治療が遅れると致命的

レジオネラに感染して発症する病気には、**レジオネラ肺炎**と**ポンティアック熱**があります。レジオネラ肺炎は悪寒・高熱・全身倦怠感・筋肉痛などの後、数日のうちに乾いた咳・喀痰・胸痛・呼吸困難などが起こります。ポンティアック熱は発熱が主症状で、悪寒・筋肉痛・頭痛・軽い咳がみられますが、肺炎はともなわず多くは5日以内に無治療で回復します。集団発生しない場合は、ポンティアック熱を疑うことは難しくなります。

レジオネラ肺炎は、初期には他の肺炎と症状に大きな違いがないため、臨床検査で確定診断が必要になります。**病勢は進行が速く、**

治療が遅れると致命的になるため、この病気が疑われた時点で抗生物質の投与が始まります。治療は抗生物質のほかに、酸素療法や呼吸補助療法、場合によってはステロイドホルモンの短期大量療法が行われます。**発症から5日以内に治療が始まれば、ほとんどが救命できる**ことがわかっています。

 微生物 Column

バイオフィルムをつくらない対策が重要

レジオネラは温泉施設や家庭の24時間風呂から高確率に検出されます。

汚染を防ぐには、バイオフィルムができにくい材質の選択、局所的な水の停滞が起きない構造、ちりなどが入りにくい換気設備、レジオネラが増殖可能な20〜50℃以外での温度保持などを行う必要があります。こまめな清掃も求められます。

91

母子感染の防止でキャリア化が激減？《B型肝炎ウイルス》

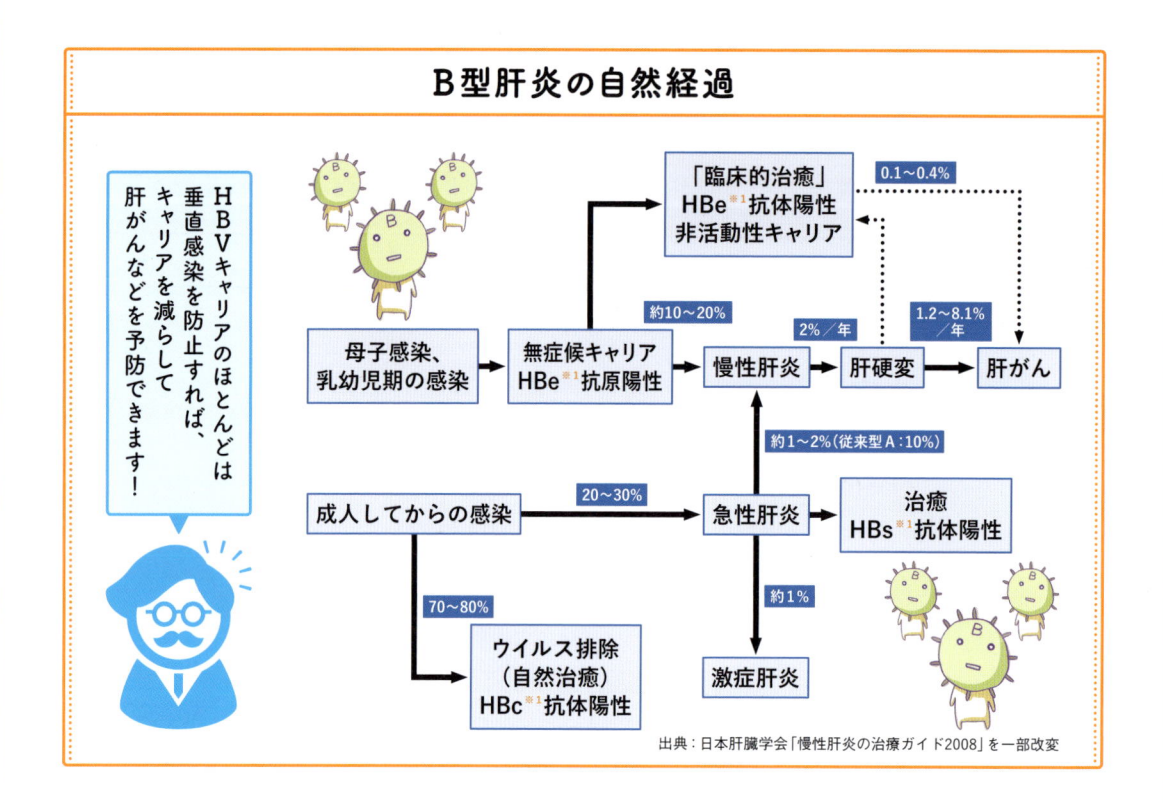

B型肝炎の自然経過

HBVキャリアのほとんどは垂直感染を防止すれば、キャリアを減らして肝がんなどを予防できます！

母子感染、乳幼児期の感染 → 無症候キャリア HBe※1抗原陽性

無症候キャリア HBe※1抗原陽性 —約10〜20%→ 慢性肝炎 —2%／年→ 肝硬変 —1.2〜8.1%／年→ 肝がん

「臨床的治癒」HBe※1抗体陽性 非活動性キャリア —0.1〜0.4%→ 肝がん

成人してからの感染 —20〜30%→ 急性肝炎 —約1〜2%（従来型A：10%）→ 慢性肝炎

急性肝炎 → 治癒 HBs※1抗体陽性

急性肝炎 —約1%→ 激症肝炎

成人してからの感染 —70〜80%→ ウイルス排除（自然治癒）HBc※1抗体陽性

出典：日本肝臓学会「慢性肝炎の治療ガイド2008」を一部改変

日本では約100万人のキャリアがいると推定

　肝炎ウイルスは、肝臓で主に増殖して肝炎を起こすウイルスの総称で、飲食物を介して経口感染する流行性肝炎ウイルスと、血液や体液を介して感染する血清肝炎ウイルスに分けられます。B型肝炎ウイルス（HBV）は後者に属し、急性肝炎、慢性肝疾患（慢性肝炎、肝硬変）、肝がんの原因となります。全世界で約4億人、日本では約100万人のキャリア（持続感染者）がいると推定され、そのうち約1割が慢性肝疾患に移行します。日本の慢性肝疾患のうち10〜15%がHBVに起因し、上の図のような経過をたどります。

　HBVの感染には、感染が持続しているキャリアと、血中からウイルスが排除される一過性感染があります。キャリアの感染経路は、大部分がキャリアの母親から出生時に感染する「垂直感染（母子感染）」ですが、乳幼児期に家族内などで「水平感染」する場合（父子感染など）もあります。日本では1948〜88年に、集団予防接種やツベルクリン反応検査で注射器が使い回しされていたため、これが原因でHBVキャリアになった方が最大で40万人以上いると推定されています。

　HBVキャリアのほとんどは乳幼児期の感染が原因なので、母から出生児への垂直感染を防止すれば、キャリアを減らして将来の慢性肝疾患や肝がんを予防することができます。

※1：HBs抗原、HBc抗原、HBe抗原はB型肝炎ウイルスに含まれるタンパク質です。これらに対する免疫反応が起こると、HBs抗体、HBc抗体、HBe抗体ができます。こうした抗原や抗体を調べることで、感染や病気（肝炎）の状況がわかります。

世界人口の半分が感染？
《ピロリ菌》

感染者の3割程度に慢性胃炎を引き起こす

ピロリ菌は正式名称をヘリコバクター・ピロリといい、ヒトなどの胃に生息するらせん型細菌（グラム陰性・微好気性）です。1983年にオーストラリアのロビン・ウォレンとバリー・マーシャルにより発見されました。

ヘリコバクター・ピロリは胃粘液中の尿素をアンモニアと二酸化炭素に分解し、生じたアンモニアで胃酸を中和して胃の表面に感染していることがわかっています。この感染は、感染者の3割程度に慢性胃炎を引き起こし、胃潰瘍、十二指腸潰瘍、胃がんなどの様々な病気を引き起こすと考えられています。胃潰

瘍の70～90％でヘリコバクター・ピロリの感染が見られ、国際がん研究機関が発表しているIARC発がん性リスク一覧では、グループＩ（発がん性がある）に分類されています。

世界人口の半分程度が感染者だと考えられていますが、日本では40歳以上の人で感染率が70％以上と高いのに対し、20歳代の感染率は25％と世代による大きな差があります。感染経路もよくわかっておらず、まだ謎の多い細菌です。近年、内視鏡を使った検査以外に尿素呼気検査、血清・尿中抗体測定法、便中抗原検査といった検査も行えるようになりました。人間ドックや自費での検査のほか、胃炎などの症状があれば健康保険で検査を受け、除菌が行える場合もあります。

Lesson.1
Lesson.2
Lesson.3
Lesson.4
Lesson.5
Lesson.6
「病気」を起こす微生物

ピロリ菌感染が引き起こす病気

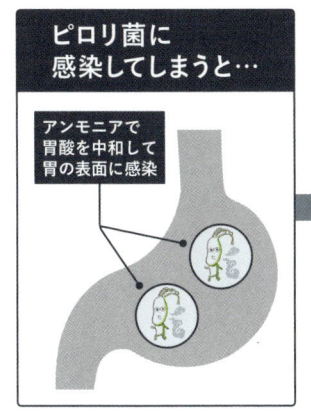

ピロリ菌に感染してしまうと…

アンモニアで胃酸を中和して胃の表面に感染

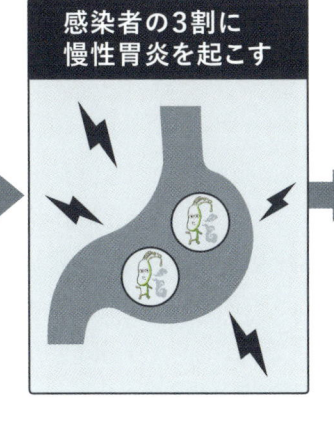

感染者の3割に慢性胃炎を起こす

さらに様々な病気を引き起こす

胃潰瘍

十二指腸潰瘍

胃がん

世界の人口の半分程度がピロリ菌の感染者と考えられていて、日本での40歳以上の感染率はなんと70％以上です！

Lesson_6 65 同じウイルスが別の病気を引き起こす？《水痘帯状疱疹ウイルス》

水痘が治ったあとも神経細胞にウイルスが潜伏

水痘と帯状疱疹の原因になるのは、水痘帯状疱疹ウイルスです。水痘（水ぼうそう）はたいてい、幼児が感染して発病します。1週間ほどで治りますが、ウイルスはそのまま体内にとどまって潜伏します。

水痘ウイルスに感染すると、体内で増殖したのちに皮フに到達して水疱（水ぶくれ）をつくります。この水疱はすぐに治り、痕はほとんど残しません。冬は教室などの狭い場所にかたまって過ごすため、感染したクラスメートや汚染した媒介物に接触する機会が多くなり、水痘が広がりやすくなります。水痘は、ワクチンで予防できます。

水痘が治った後に神経細胞に潜んでいたウイルスが、加齢や過労、ストレスが引き金になって免疫のはたらきが低下すると、ふたたび活動を始めることがあります。ウイルスは神経を伝わって皮フに移動し、痛みをともなう発しんができます。これが帯状疱疹で、通常は2～3週間で治ります[1]。

帯状疱疹の治療の中心は抗ウイルス薬で、急性期の皮フ症状や痛みを和らげて、治るまでの期間を短縮できます。痛みに対して消炎鎮痛剤が処方されたり、神経ブロックが行われることもあります。子どものときに水痘ワクチンを接種すれば、帯状疱疹の発症予防につながる可能性があると考えられています。

帯状疱疹の原因は、神経細胞に潜んでいたウイルス

子どものときに水痘ワクチンを接種すれば、帯状疱疹の発症予防につながる可能性があります！

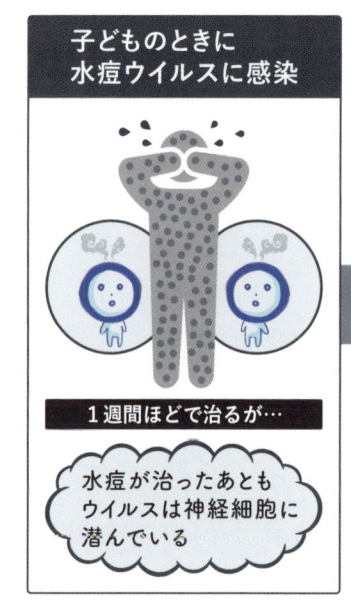

子どものときに水痘ウイルスに感染

1週間ほどで治るが…

水痘が治ったあともウイルスは神経細胞に潜んでいる

加齢や過労、ストレスが引き金になり…

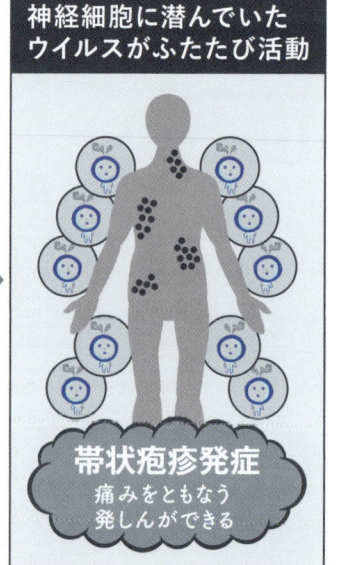

神経細胞に潜んでいたウイルスがふたたび活動

帯状疱疹発症
痛みをともなう発しんができる

※1：水痘と違い、帯状疱疹として人に感染することはありません。ただし、水痘になったことがない人には、水痘としてうつることがあります。

人間と動物が共通して感染？
《エキノコックス・狂犬病ウイルス》

Lesson_1
Lesson_2
Lesson_3
Lesson_4
Lesson_5
Lesson_6 「病気」を起こす微生物

とくに注意したい、2つの人畜共通感染症

エキノコックス

 寄生虫の卵がノネズミなどの口に入り、体内で多包虫（幼虫）になる

 多包虫を持つ動物がキツネなどのイヌ科の動物に食べられると、イヌ科の動物の体内で成虫になる

 キツネの糞にさわったり、汚染された水を飲んだり山菜を食べたりすることでヒトに感染する

狂犬病

 イヌやネコなどの狂犬病ウイルスを持つ動物にかまれたり、ひっかかれたりすることでヒトに感染する

感染して発症すると…

ほぼ100％死亡してしまう

 狂犬病が流行している地域に海外旅行する際には、予防接種をしておくなど、細心の注意をはらいましょう！

動物が持っている病原体がヒトに感染する

動物由来感染症は動物が持っている病原体が、かみ傷やひっかき傷、ダニや蚊による媒介、水や土による媒介などによってヒトに感染するものです。感染源となる動物はペットや家畜が多いですが、野生動物なども含まれます。動物由来感染症の中でも重篤な症状を引き起こすのがエキノコックス、狂犬病です。

エキノコックスはイヌ科の動物を終宿主とする寄生虫で、サナダムシなどのなかまです。虫卵が土などにまざり、中間宿主のノネズミなどの口に入ると、体内で多包虫という幼虫になります。この多包虫を持つ動物がイヌ科の動物に食べられることで、イヌ科の動物の体内で成虫になるのです。エキノコックスの卵をヒトが口にすると、体内（肝臓）で多包虫が増加し、外科手術によって取り除かなければならなくなります。

狂犬病は、狂犬病ウイルスを持つ動物（イヌ、ネコおよび野生の哺乳動物）にかまれたり、ひっかかれたりすることで感染する人獣共通感染症で、発症するとほぼ100％死亡します。ほぼ全世界で発生していますが、日本は狂犬病が見られない数少ない「清浄国」[※1]です。ワクチンの接種によって感染を防ぐことができるので、海外渡航前には予防接種が呼びかけられているほか、我が国では飼い犬に狂犬病の予防注射が義務づけられています。

※1：清浄国は、英国（グレートブリテン島及び北アイルランド）、アイルランド、アイスランド、ノルウェー、スウェーデン、オーストラリア、ニュージーランドなどです。

執筆者 00 番号は執筆担当項目を示す ※肩書きは原稿執筆時点のものです ※項目「29」は共著です

青野裕幸（あおの・ひろゆき）「楽しすぎるをバラまくプロジェクト」代表
04 20 23 24 25 26 27 29 30 31

児玉一八（こだま・かずや）核・エネルギー問題情報センター 理事
11 28 29 33 34 39 40 54 55 56 57 58
59 60 61 62 63 65

齊藤宏之（さいとう・ひろゆき）労働安全衛生総合研究所 上席研究員
36

左巻健男（さまき・たけお）東京大学 講師
01 02 03 05 06 07 08 09 10 12 13 14
15 16 17 18 37 41

桝本輝樹（ますもと・てるき）千葉県立保健医療大学 講師
19 38 42 43 44 45 46 47 48 49 50 51
52 53 64 66

横内 正（よこうち・ただし）長野県松本市立清水中学校 教諭
21 22 32

編著者略歴

左巻健男（さまき・たけお）

東京大学講師・元法政大学教授。専門は、理科・科学教育、環境教育。

1949年栃木県小山市生まれ。千葉大学教育学部卒業（物理化学教室）、東京学芸大学大学院教育学研究科修了（物理化学講座）、東京大学教育学部附属高等学校（現：東京大学教育学部附属中等教育学校）教諭、京都工芸繊維大学教授、同志社女子大学教授、法政大学教授等を経て現職。

『理科の探検（RikaTan）』誌編集長。中学校理科教科書編集委員・執筆者（東京書籍）。

著書に、『暮らしのなかのニセ科学』（平凡社新書）、『面白くて眠れなくなる物理』『面白くて眠れなくなる化学』『面白くて眠れなくなる地学』『面白くて眠れなくなる理科』『面白くて眠れなくなる元素』『面白くて眠れなくなる人類進化』（以上、PHP研究所）、『話したくなる！つかえる物理』『図解 身近にあふれる「科学」が3時間でわかる本』（明日香出版社）ほか多数。

本書の内容に関するお問い合わせ
明日香出版社 編集部
☎ (03) 5395-7651

〈超・図解〉身近にあふれる「微生物」が3時間でわかる本

2019年 7月 26日 初 版 発 行

編著者 左 巻 健 男（さまき・たけお）
発行者 石 野 栄 一

ｱ 明日香出版社

〒112-0005 東京都文京区水道 2-11-5
電話 (03) 5395-7650（代 表）
(03) 5395-7654（FAX）
郵便振替 00150-6-183481
http://www.asuka-g.co.jp

■スタッフ■ 編集 小林勝／久松圭祐／古川創一／藤田知子／田中裕也
営業 渡辺久夫／浜田充弘／奥本達哉／横尾一樹／関山美保子／藤本さやか／南あずさ
財務 早川朋子

印刷・製本 株式会社フクイン
ISBN 978-4-7569-2039-3 C0040